写给大家的
AI极简史

从图灵测试到智能物联

[德] 托马斯·拉姆齐 ———— 著

林若轩 ———— 译

中国 友谊出版公司

图书在版编目（CIP）数据

写给大家的 AI 极简史：从图灵测试到智能物联 /
（德）托马斯·拉姆齐著；林若轩译. —北京：中国友
谊出版公司，2019.9
　书名原文：Who's Afraid of AI? Fear and
Promise in the age of Thinking Machines
　ISBN 978-7-5057-4768-5

　Ⅰ.①写… Ⅱ.①托… Ⅲ.①人工智能—普
及读物 Ⅳ.①TP18-49

中国版本图书馆 CIP 数据核字（2019）第 118115 号

书名	**写给大家的 AI 极简史：从图灵测试到智能物联**
作者	〔德〕托马斯·拉姆齐
出版	中国友谊出版公司
策划	杭州蓝狮子文化创意股份有限公司
发行	杭州飞阅图书有限公司
经销	新华书店
制版	杭州中大图文设计有限公司
印刷	杭州钱江彩色印务有限公司
规格	850×1168 毫米　32 开
	4.875 印张　67 千字
版次	2019 年 9 月第 1 版
印次	2019 年 9 月第 1 次印刷
书号	ISBN 978-7-5057-4768-5
定价	49.00 元
地址	北京市朝阳区西坝河南里 17 号楼
邮编	100028
电话	(010)64678009

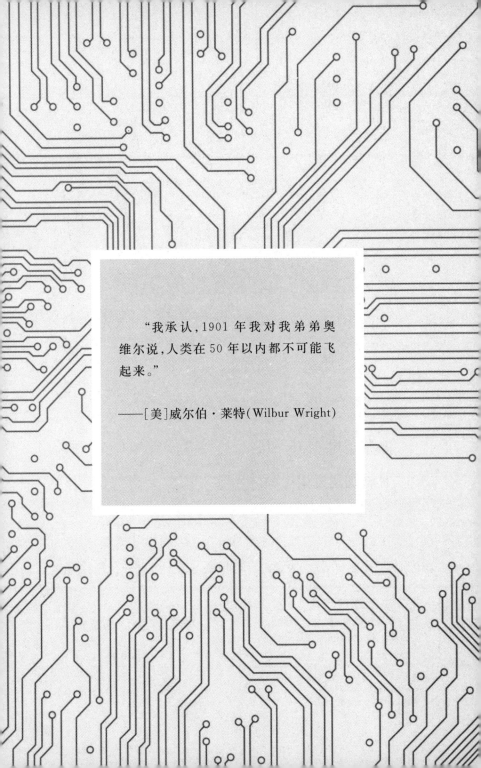

"我承认,1901 年我对我弟弟奥维尔说,人类在 50 年以内都不可能飞起来。"

——[美]威尔伯·莱特(Wilbur Wright)

序

基蒂霍克(Kitty Hawk)[1]时刻——为什么一切都将加速发生……

100 万美元奖金。一条长度为 241 公里的公路横穿

<hr />

[1] 译者注:1903 年 12 月 17 日,莱特兄弟在北卡罗莱纳州的基蒂霍克附近成功进行了第一次有动力的持续飞行。

莫哈韦沙漠的军事管制区域。2004 年,美国国防部首次
在此举办了 DARPA 自动驾驶汽车挑战赛。当时参赛的
队伍大约有 100 支,最佳队伍的自动行驶成绩仅为 14 公
里,其他队伍的表现则更糟糕。8 年后,也就是在 2012
年,谷歌发布了一份低调的新闻稿:它所研发的在
YouTube 上人气很高的自动驾驶汽车,已经创造了数十
万公里的零事故公路行驶记录。而截至目前,特斯拉汽
车的司机已经使用自动驾驶系统行驶了数百万英里。可
以肯定的是,时不时地,驾驶员还是需要在情况棘手的时
候控制方向盘——自动驾驶系统会及时让他们意识到这
一点。这意味着在原则上,这个看似无法解决的问题已
经被解决了。虽然 2018 年发生了几次自动驾驶汽车事
故,但是为大众提供全自动汽车已经只是规模和微调的
问题。

　　人工智能正在经历它的基蒂霍克时刻。今天的人工
智能研究者就像是机动飞行的先驱。几十年中,机动飞

行的先驱们许下远大的抱负,但他们的试验却一次又一次地以失败告终。直到莱特兄弟取得了重大突破——他们在北卡罗来纳的基蒂霍克进行了第一次试飞,然后相关技术才突然开始飞速发展,于是几年前的天方夜谭突然成真了。

对人工智能来说也是如此:经过多年相对缓慢、疲软无力的发展,技术终于开始发挥作用了。如今的市场上不断涌现出人工智能技术的突破,并且更多的突破还正在酝酿中。现在计算机程序识别人脸的准确度已经超过了大部分人类。谷歌助手可以模仿人类的声音,打电话到发廊预约理发,而电话那头的人根本不知道自己在和一个由丰富数据构成的 IT 系统交谈。在诊断某些癌细胞方面,今天的计算机已经做到了比世界上最好的医生更精确——更不用说那些在农村医院工作的普通医生了。计算机不仅在看似相当依赖直觉的围棋游戏中打败了人类,而且还比世界上最好的扑克玩家更会虚张声

势——这在 2017 年 1 月已经得到了官方证实。在日本
保险公司 Fukoku Mutual 里，建立在 IBM 的 Watson 系
统上的人工智能可以根据每个保险合同的个人条款审核
用户提交的医疗账单的报销金额。在世界上最大的对冲
基金——桥水基金（Bridgewater），算法的作用不再局限
于投资决策。这个掌握着大量员工数据的系统已经成为
"机器人老板"——它知道对于特定任务，最好的商业战
略和最好的团队组成是什么，并且它可以为员工晋升和
企业裁员提出建议。

　　人工智能是自动化的下一步。重型设备已经代替人
类做高强度工作很长时间了。自 20 世纪 60 年代以来，
制造机器人就变得越来越简单。然而到目前为止，IT 系
统仅仅被用于辅助重复度最高的知识性工作。但是，有
了人工智能，机器就能做出以前只有人类才能做出的复
杂决定。或者更确切地说，如果基础数据和决策框架是
正确的，那么 AI 系统将比卡车司机、行政人员、销售人

员、医生、投资银行家或人力资源经理更快做出更好的决策，而且成本更低。

在基蒂霍克第一次机动飞行成功的 20 年后，一个新的产业出现了——此后不久，航空旅行从根本上改变了世界。人工智能也可能走上类似的道路。一旦从数据中学习的计算机程序开始在特定领域用更少时间做出比人类更快更好的决策，那么计算机程序在该领域的发展就势不可挡了。内置在汽车、机器人或无人机等物理机器中的计算机程序将极大提升自动化过程。此外，它们彼此互联，组成能够相互合作的智能物联网。

丰田研究所所长吉尔·普拉特（Gil Pratt）促成的历史性飞跃甚至比在基蒂霍克发生的还要大。普拉特将人工智能的最新进展与 5.4 亿年前进化生物学的寒武纪爆发进行了比较。几乎所有的动物都起源于寒武纪时期，当第一个物种进化出看东西的能力，进化的"军备竞赛"就开始了。有了眼睛的动物就可以征服新的栖息地，可以开拓出新的生态位。生物多样性就此爆炸式增长。这与人工智能识别数字图像非常类似。随着生物技术在数字图像识别方面的突破，人工智能现在也有了眼睛，能够更精确地导航并从环境中学习。麻省理工学院的埃里克·布林约尔松（Erik Brynjolfsson）和安德鲁·麦卡菲（Andrew McAfee）将对比进一步推进到进化的早期阶段，并说道："今天，我们同样期望看到各种新产品、服务、工序和组织形式。当然，其中也会有大量的'灭绝'，但也肯定会有一些奇怪的失败和意外的成功。"

人工智能研究人员和学习软件系统的生产者现在被一股强大的力量推动向前。需要资金的初创公司倾向于在每个数字应用上贴上人工智能的标签，而不考虑系统能否真正从数据和示例中学习或是从学习经验中总结出规律来，也不管它是否实际上只是盲目遵循指令的传统编程系统。人工智能的卖家和很多买家——不管是科研赞助商、投资者还是用户——都只能艰难地评估产品的技术操作原理。人工智能目前被一种神奇的光环包围着——而这并不是第一次。

人工智能已经经历了多个炒作周期。然后,人们对它的期望越大,失望越大。在这些所谓的"人工智能的冬天"中,甚至某些狂热的信徒也开始怀疑自己是否在追逐白日梦,而这个白日梦是他们从小痴迷的科幻小说激发他们描绘出来的。

今天我们可以放心地说:人工智能研究已经突破了几十年来其自身一直面临的问题。更公正地说,我们应该给予人工智能更多赞赏。当一台机器比数学天才更会做算术题,或是比世界冠军更会下棋,或能更可靠地指引我们穿过一座城市,我们会在短时间内对此留下深刻的印象。但是,一旦计算器、国际象棋程序和导航应用程序成了大众买得起的便宜产品,我们就会觉得这种技术变得很无聊。当人工智能的时代真正来临的时候,我们又会很快习以为常,而忘了我们曾经认为它们是智能的象征。

今天机器的学习曲线似乎比人类的更陡峭,这将从根本上改变人类和机器的关系。像本书作者和谷歌研究员雷·库兹韦尔(Ray Kurzweil)一样,硅谷的理想主义者从这里看到了解决我们(时代)所有重大问题的钥匙。一些专家相信,获得授权的人工智能会让我们生活得更容易,甚至可能通过将我们的信息上传到云端而赋予我们永生。启示论者——常常是欧洲人——比如牛津哲学家尼克·博斯特罗姆(Nick Bostrom)则害怕机器会夺取权力,毁灭人类。极端的立场总能成为很好的文章标题。对于推崇它们的人来说,极端立场能在市场上成功引起我们的注意。不过,无论如何,这些立场很重要,因为它们正在让许多人更细致地研究人工智能。

无论谁想探索新技术的机会和风险,他都首先需要了解基础知识。他们必须理解:人工智能到底是什么?今天它能做什么,在可预见的未来它又能做什么? 如果机器继续变得越来越智能,人类需要发展出什么样的能力?随着我们找到越来越精确的答案,我们将能够解决以下这些大问题:我们应该害怕人工智能吗?我们应该害怕人类恶意地使用人工智能吗?人类必须建立什么样的技术框架,使能够自主思考的机器作为自动化的代理人,使其能够信守承诺,使世界更加富裕和安全?

目　录

第一章 | 自动化的下一步：机器决策

"当你不知道该做什么时,智力就是你需要使用的东西。"

——[瑞士]让·皮亚杰(Jean Piaget),
生物学家和发展心理学家

识别、洞察、行动

　　特斯拉正以每小时 130 公里的自动驾驶模式在高速公路的左车道上行驶。前方右车道上，几辆卡车以每小时 90 公里的速度行驶。特斯拉离卡车纵队越来越近了。车队尾部的卡车打出了左边的车灯，表示它要变到左边道。这时，特斯拉必须做出复杂的决定：是应该继续以同样的速度行驶甚至加速以确保它能够在卡车变道之前通过，还是应该鸣喇叭警告卡车司机？在这种情况下允许超车吗？还是说特斯拉应该为了安全起见，以增加行驶时间为代价，制动并礼让卡车？当然，只要没有一位激情驾驶的跑车司机跟在特斯拉后两米处，那么刹车是最安全的选择。

几年前，在任何情况下，我们都完全有理由不把这个决定权交给机器。从统计学上来说，这项技术还没有被证明比我们自己坐在方向盘后面更有可能把我们安全地带到目的地，因为我们不仅熟悉交通规则，有丰富的经验与预测人类行为的能力，还有直觉。

然而今天，特斯拉的驾驶员们已经将许多驾驶决策委托给计算机。这并非没有风险。无论是在特斯拉、谷歌还是在像梅赛德斯、奥迪、日产、现代和沃尔沃这样的传统汽车公司，自主驾驶的运行远非完美。这些公司不知疲倦地研发自动驾驶系统，但出于安全考虑，有许多功能都未被投入使用。在天气良好和有清晰标注的公路上，自动驾驶系统显然已经是比人类更好的驾驶员。而在城市里，晚上或在大雾天，自动驾驶系统优于人类驾驶也只是个时间问题。

正如一句老话所说："对于人类来说很难的事情，对

机器来说很简单。"反之亦然。在每一次驾驶的过程中，
计算机都有成千上万个小且复杂的决策要做，而这对于
以前的计算机来说是不可能的任务。为什么现在情况改
变了？从抽象的角度来说，答案是：因为从可控硬件中学
习数据的软件已经越来越熟练地掌握了识别、洞察和执
行这个三角系统。

在上面特斯拉和卡车的例子中，不仅特斯拉所配备
的 GPS 导航、高分辨率照相机、激光和雷达传感器能精确
地告知自动驾驶系统汽车的位置、卡车的行驶速度、道路状
况及右边是否有紧急通道，该系统的图像识别软件还可以
可靠地识别出闪烁的灯是卡车的转弯信号灯，而不是远处
建筑工地上的灯。计算机在过去的几年里已经获得了识别
事物的能力。如今最好的计算机已经能区分出地面上的物
件是汽车能安全碾过的碎纸还是它需要绕行的石头。

所有的视觉（和其他感官）数据流入一个小型的超级
计算机，也就是汽车的人工大脑。它是由许多计算机中

央处理器和图形处理器组成的。处理器必须以秒为单位对信息进行排序，同时将实时数据与先前收集的数据、已编程到系统中的规则同步。特斯拉系统知道在这种情况下它有通行权。交通规则规定，卡车司机只有在没有车辆从后方接近的情况下才允许变道。通过对几十亿英里的道路交通信息——反馈数据——进行学习，自动驾驶系统得到了加强，它甚至知道卡车司机并不总是遵守交通规则。它知道，尽管特斯拉正从后面驶来，卡车还是很有可能会变道。它也知道，如果一辆自动驾驶汽车冒着发生严重事故的危险坚持遵守交通规则，是不符合乘客最大利益的。

自动驾驶系统根据观测到的情况、编程规则和以往的经验，在许多可计算的场景中推断出避免事故的最佳选择，同时仍然带领特斯拉快速前进。在本质上，这是一个认知决定，一个对行动方针的选择。这个问题的最佳解决方案其实是一个基于许多变量的概率计算。

而部分自动辅助驾驶系统仅为驾驶员提供建议。例如,如果卡车不仅发出信号,而且做出小的转向运动,那么辅助驾驶系统会通过发出"哔"声警告并指示驾驶员将方向盘打向左边。人类驾驶员则可以选择遵循系统的建议或忽略它。但是一个真正的自动驾驶系统将直接做出自行的判断并付诸行动。它会控制汽车刹车或继续向前行驶。自动驾驶系统会以非常熟练的方式控制物理机器的功能,如控制油门、刹车和转向。比如飞机的自动驾驶仪在正常情况下比任何头戴机长帽的飞行员都能更精确地控制飞机起飞或降落。又比如在完全数字化系统下用于高频股市交易的机器人会自动执行决策。以上的应用虽然不同,但是它们的自动化原理是一样的:识别数据中的模式,从统计和算法中推断出结论,再通过技术程序将结论变成决定并加以执行。举例来说就是机器在研究市场趋势之后,发现了有利的交易机会,然后帮你点击了"立即购买"。

博兰尼悖论

衡量决策的影响并将其纳入未来决策是人工智能系统本质的一部分。人工智能系统是基于反馈做出决定的。如果特斯拉在上述的决策下发生了事故，它会将事故作为反馈传送回中央计算机，那么所有其他特斯拉将（希望如此）在类似的情况下更谨慎地驾驶。相似的，如果用于批准贷款的 AI 软件发现很多贷款人有违约的情况，它就会提高申请者的贷款标准；如果一个水果收割机收到其采摘的苹果有很多没熟的反馈，那么在下一次作业时，它将会调整苹果表面红绿色的比例，以做出更好的采摘决定。人工智能和传统 IT 系统的本质区别在于人工智能能够独立改进自己的算法并对结果进行评级。自动校正是内置在 AI 系统中的。

自 20 世纪 40 年代第一台大型计算机问世以来,计算机编程意味着人类需要耗费大量精力将理论模型输入机器之中。而该模型包含机器可以应用的特定规则。如果人类向机器投喂特定任务或问题的数据,那么它通常能比人类更快、更精确、更可靠地解决这些问题。这令人印象深刻。但本质上,经典编程就是将现有知识从程序员的头脑中转移到一台机器上。但是这种技术方法有一个自然的限制:人类的大部分知识是隐性的。

比如,人类可以识别出面孔,但不知道自己是如何做到的。进化赋予了人类这种能力,但是我们没有很好的理论来解释为什么我们能够瞬间识别安吉拉·默克尔(Angela Merkel)或乔治·克鲁尼(George Clooney),即使在光线很差或是人脸被遮住了一半的情况下,我们也能识别。比如要精确地向孩子描述滑雪和游泳的最佳方法几乎是不可能的。还有一个有关隐性知识的著名例子是:什么是色情?美国最高法院大法官波特·斯图尔特

(Potter Stewart)想为其找到一个在法律上无懈可击的定义，却始终没有成功，只找到一个令人失望的答案："我看到它就知道是不是色情了。"这个问题有一个名字：博兰尼悖论。它描述了一个以前软件程序员无法逾越的极限：没有理论，没有规则，我们就不能把知识和能力传授给机器。

人工智能则克服了博兰尼悖论——人类只创造机器学习的框架。人工智能各流派在此概念下发展出来的方法和途径不计其数。但是他们中的大多数，其中包括最重要、最成功的那些流派，遵循的基本原则都是只给计算机目标，而不是理论和规则。计算机通过许多例子和反馈，学习如何在训练阶段达到人类设定的这些目标。

在这个背景下，人们经常讨论的一个问题是反馈回路中的机器学习在实际上是否是智能的。许多人工智能研究者并不是特别喜欢"人工智能"的概念，而更喜欢用"机器学习"这个词。

强弱人工智能

1955 年,在著名的达特茅斯会议上,马文·明斯基 (Marvin Minsky)与一众计算机先驱们发明了"人工智能"这个概念。此后,这个概念一直备受争议。即使今天,科学家们仍然没有就"人类智能"的构成达成共识,那么"人工智能"这样的概念是否能用于机器呢?关于人工智能的讨论很快就转向了其基本问题。例如,没有意识的思考是否存在,机器是否很快就会比人类更聪明,机器是否会聪明到自行迭代,变得越来越智能,甚至发展出自我意识及喜好?如果是这样,我们是否必须授予有自主思维的机器以人权?或者人类和机器是否会融合,形成超级人类,将人类进化提升到下一个阶段?

这些关于强人工智能(或称为广义的人工智能)——

有强认知的、像人类一样的 AI——的问题很重要。对这项技术将带来的长远影响的思考应该与技术的发展同步进行，就像我们对待核武器那样。本书的最后一章将谈到这些问题。不过，这些担忧还离我们很远。更紧迫的是"弱人工智能"这个议题，包括那些今天在技术上就已经可以实现的弱人工智能，以及在可见的未来会出现的弱人工智能。那么首先，我们需要搞清楚什么是弱人工智能（狭义的人工智能）。

美国语言哲学家约翰·罗伯特·塞尔（John Robert Searle）在 40 年前就提出了强弱人工智能的区别。目前，强人工智能还只存在于科幻小说中，而弱人工智能已然存在于计算机系统中，并处理着各种直到最近我们还以为只有人类大脑才能处理的任务。弱人工智能通常涉及经典的知识性工作任务，例如审核保险公司的案卷或写作新闻或体育报道。

人工智能嵌入到物理机器中，不仅能使汽车智能化，而且能使工厂、农业设备、无人机及救援和护理机器人智能化。我们常常将它与人类行为比较,试图找到两者的相似之处,但其实智能机器完全不必模仿人类完成任务的方式或人类大脑中任何意义上的生化过程。它们通常具有自主搜索数学解析路径、改进已有算法,甚至独立开发算法的能力。结果是机器比人类做得更好、更快,也更便宜。在解决问题方面,如果机器比人类更优越,机器系统的普及速度就会更快。然而,正如数字革命的传教士所宣称的那样,根据数字拷贝不花费任何成本的原则,这不会以零边际成本的情况发生。数字技术很贵,这一事实在短时间内也不会改变。如果你对这一事实存有疑虑,你可以去询问任何一位首席信息官。但事实证明,新技术的引进和传播周期正在缩短。

人类对于文明的态度将加速或减缓创新被接纳的速度。正如当前的机器人在欧洲是敌人,在美国是佣人,在中国是同事,在日本是朋友。但从长远来看,投资回报率才是影响全球对机器人态度的关键。而收益通常是以金钱衡量的。当亚马逊在市中心设立无人售货的小商店时，相机、传感器和射频识别芯片会自动计算购物车里商品的总价。虽然亚马逊需要在自动化货架和收银机系统上投资数百万美元，但在人事成本上它却节省了数百万美元，于是它在之后的某月或年中就可以收回成本。但是，如果纽约基因组中心能够在 10 分钟内用 IBM Watson 应用程序分析患者的遗传物质，以便提出可能成功的治疗方法，而高水平的医生需要 160 个小时进行同样的分析，那么这时机器人所带来的回报就不是以美元计算了，这时候的衡量标准变成了被挽救生命的数量。

"人工智能将像电一样改变世界。"这句话出现在许多关于人工智能的文章和研究中。在技术范式转变的时代，专家——尤其是乐观派——在做出有关人工智能的预言时应该谨慎。如果没有根本性的变化，以过去的数据预测未来的可靠性最多只有 50%。

在这方面，数字化本身就产生了一个有趣的悖论。更多的数据和分析提高了人们对未来的预测能力。但是数字技术的破坏性造成了不可预知的变化。然而，我们仍然坚持这样的假设，即智能机器将在未来 20 年从根本上改变我们的生活、工作、经济和社会。如果把从数据中学习的系统看作一种跨界技术，那么将之与电类比是正确的。和内燃机一样，塑料、互联网的发展都在多个领域产生了影响，同时也为那些我们甚至在今天都无法想象的新创新的出现和影响创造了先决条件。

电力使得高效的火车、装配线、图书馆照明、电话、电影工业、微波、计算机和电池驱动的火星漫游者在崎岖的地表上的探索任务成为可能。我们无法想象没有电的现代生活。今天，没有人知道人工智能这种跨界技术是否会产生类似的巨大影响。斯坦福大学教授、谷歌和百度 AI 团队的前负责人安德烈回答了人工智能将影响哪些领域的问题："可能思考 AI 产业将不会改变什么比思考

AI产业将会改变什么更容易。"这不再是对未来的陈述。它描述的是现在，包括积极的方面和令人不安的方面。

对机器的愤怒？

今天没有人能够可靠地预测人工智能系统是否将毁掉人类的工作，或者在下一波热潮中是否会创造新的工作，就像没有人能可靠地预测早期的技术革命所带来的影响一样。19世纪早期反对机器的勒德分子用大锤击碎了英格兰中部的第一台机械纺织机。对机器的愤怒曾使人们想要摧毁任何可能毁掉人类本身的东西。但愤怒毫无用处。虽然生产力和国内生产总值迅速上升，但对他们来说，工作条件却日益恶化。几十年后，自动化投资的回报率才以更高的工资和更好的社会安全网的形式惠及子孙后代。机器的破坏者成为经济和社会巨变中迷失的一代。古典经济学家大卫·里卡多（David Ricardo）将其总结为"机械问题"（machinery question）。历史学家罗伯特·艾伦（Robert Allen）用文学术语"恩格斯停顿"（Engels' Pause）来形容从 1790 年到 1840 年的工资停滞。

从长远来看，对于机械问题我们已经找到了令人满意的答案，那就是进步。在农业上，虽然联合收割机取代了农民，但工业化不仅创造了制造联合收割机的机械师的职业，还制造了大量的簿记员，后来又需要大量的营销专家来向客户介绍产品。这些产品由于工厂的规模经济而变得越来越低价，同时质量却越来越高。

乐观的研究者和政治家们希望人工智能也会有类似的发展路径和结果——当然是以更快的速度，而且没有"恩格斯停顿"。他们认为自主学习的计算机系统将在未来几年提供相当可观的生产力和 GDP 增长，因此个人、公司和社会就能更多地投资于教育和更好的工作。在一项研究中，埃森哲（Accenture）计算出，由于人工智能的出现，到 2035 年美国 GDP 可以以每年 4.6％的速度增长，这几乎是无人工智能情况下的两倍。在德国，到 2035 年其 GDP 年增长率应该能达到 2.7％，几乎是现在的两倍以上。日本政界将人工智能视为处理本国劳动力短缺问题的机会。他们相信人工智能和机器人最终会把这个国家从顽固的滞胀中解救出来。

中国通过人工智能实现经济增长的前景最为光明。因为中国拥有开发和使用人工智能的所有重要组成部分：资本、廉价的计算能力，以及从美国的大学及初创企业涌回中国的智慧头脑，而中国的大学也在培养越来越多的人才。最重要的是，中国拥有的反馈数据就像沙特阿拉伯的石油储备那么丰富。世界上大约一半的互联网数据来自于人口数达 14 亿的中国，由移动消费设备从他们身上收集的数据对于人工智能系统尤其有价值。从纯粹的经济角度来看，中国有机会进一步加速成为经济超级大国，从而带领数百万人摆脱贫困。

与乐观派持相反意见的是一大批劳动力经济学家。他们计算出有大量的人类活动可以由人工智能代替完成。根据他们的悲观预测，巨大的规模经济和网络效应带来的低成本将导致全球大规模失业。2013 年，牛津经济学家迈克尔·奥斯本（Michael Osborne）和卡尔·本尼迪克特·弗雷（Carl Benedikt Frey）计算出美国约有一半的工作会受到严重威胁。他们的同行经济学家对这项研究的方法提出了严重质疑，但它在世界范围内还是引发了一场争论。因为他们同时还天真地提出，被第三次自动化浪潮淘汰的人只需要一点点善意及政府的再培训计划，就能迅速找到新的好工作。今天美国和欧洲的许多人都认为数字化正在把劳动力市场分割成良好的工作和糟糕的工作两块。对于受过高等教育的数字化赢家，尤其是对于那些创建和操作数据资本主义工具的人来说，工作是令人愉快的，并且收入颇丰。其他人则不得不在雨中送快递。

这个画面当然有夸大的成分，而今天的情况是：人工智能和机器人的加速应用肯定会影响就业率，但是到底会产生何种影响，目前还尚未清晰。所有的预测，无论乐观或悲观，都还无法完全自圆其说。我们根本无法估计下一代 AI 系统将如何接管各种任务，或者将如何动态扩张。做出可靠预测的难题就在于其本质上是一个速度问题。人工智能越快将触角伸向人类工作场所，人们调整个人资质和集体安全系统的时间就越少。那么新一代人类就可能在自动化面前败下阵来。尽管预测中充满了不确定性，但可以确定的是，全世界的政客们已经找到了稀少的还算明智的答案来应对下一波自动化浪潮的挑战。但是，我们还没有做好解决"机械问题"的充分准备。

机器的瑕疵

对于人类来说,更紧迫的问题可能是:未来是否会出现一个这样的"超智能系统",它能够自主地在反馈回路中计算勾画出一个更好的世界和它自身的形象?牛津大学未来人文研究所所长尼克·博斯特罗姆(Nick Bostrom)称这是一个将把人类"从最高思考者的位置上驱赶下去"的人工智能系统。结果就是人类将无法控制这个超智能系统。那么,这种超智能系统会不会像科幻小说中那样反抗人类,最终灭绝人类呢?

我还是快点告诉你个好消息吧:就目前来说,人工智能系统还不会奴役人类。没有人知道计算机在未来 200 年内能发展到什么程度,但起码我们知道,计算机科学家还不知道任何可能导致超级人工智能的技术途径。于是，世界末日又被推迟了。人工智能系统存在内在弱点，使得它们容易做出错误的决策，这限制了它们的使用。但我们还是要时刻保持警醒，因为人类有责任不断批判性地看待它们的算法。

令人吃惊的是，人工智能系统的弱点与人类的非常相似！比如，和人类一样，人工智能系统的神经网络也会有偏见。这些偏见不是由软件开发人员编写的，而是隐含在训练数据中的。如果人工智能支持的贷款发放过程根据训练数据的结果，认为少数民族或53.8岁以上的男子或戴黄头盔、有一辆8速自行车的人偿还贷款的可靠性较低，它就会把这种判断纳入评分模型中，而不管这种判断是否荒谬或是否合法。

我们人类知道要对种族主义提高警惕，并且可以加以纠正。但人工智能系统不会这么做。比如曾经有个AI系统可以帮助美国法官决定是否可以提前释放囚犯，该囚犯重犯的风险有多高，但人们却怀疑这个系统让非洲裔美国人和西班牙人处于不利的地位。这个系统因此成为具有内置偏见的人工智能系统的教科书范例。未来，我们可能需要较长的时间识别机器的偏见，或根本识别不出来。谁能想到一台机器会歧视戴着黄色头盔的自行车骑手，并因此做出荒谬的决定呢？

自动化决策系统（ADM）的开发人员已经开始寻找解决机器偏见的技术方案。例如，IBM 在 2018 年 9 月发布了一个开源工具包，用于检查机器学习模型中的偏见。这个应用程序被称为"人工智能公平 360"（AI Fairness 360）。而更多的此类应用也将在未来出现。开发人工智能的公司知道，人们是否能够接受人工智能系统在很大程度上取决于人们对它们的信任，因此人工智能系统不仅要做到公平公正，还要给与我们充分的理由去信任它们。

未来将会继续有许多声音要求为 AI 系统内置一个申辩功能。如果一台机器为某个病人推荐一种特殊的化疗，那么它不是仅仅像颁布神谕一样简单地说出它的建议，而是需要向主治医师证明它是如何确定这是最佳解决方案的。这种貌似合理的解释功能已经初具雏形，但还存在一个基本问题。

机器在神经网络中的学习过程是数百万个连接的结果，并且它们中的每一个都会对结果产生细微的影响。因此，决策过程非常复杂，以至于机器无法向人类解释或展示它是如何得出这个"可信"或"不可信"的结论的。这简直就像是科技史上的一个笑话。现在，受"博兰尼悖论"影响的不再是人类，而是机器，因为机器知道太多无法向人类解释的东西。这意味着，即使人类注意到人工智能系统犯了错误，也几乎不可能对其进行纠正。机器无法告诉人类错误来自哪里，因为它自己也不知道。

因此，对于"博兰尼悖论"的大逆转，人类只能回到启蒙运动的起点去找答案：我们必须批判性地审视机器所告诉我们的一切。启蒙运动转向理性和科学，为查尔斯·巴贝奇(Charles Babbage)在 18 世纪中叶构想出第一台计算机,以及康拉德·祖斯(Konrad Zuse)在一个多世纪后建造第一台可编程计算机奠定了基础。大约在 25 年前,蒂姆·伯纳斯一李(Tim Berners-Lee)将计算机连接成全球网络,将巨大的数字机器变成了人类有史以来最强大的工具。现在机器正在学习如何自主学习——我们需要与他们保持更远的距离。

我们必须搞清楚在哪些情况下机器辅助对我们有用,在哪些情况下又会阻碍我们的思维。我们必须学会与所谓的"超级假货"(deepfake)共存。它们可以让一个人模仿另一个人的声音,或者把一个人的头放在另一个人的身体上。但是我们必须要警惕,人工智能算法可以通过在社交媒体上精心安排帖子来左右人们的思维,从而颠覆我们的民主。全世界的政治家和公民都应该密切关注军方对人工智能武器的开发和应用。立法者,而不是军人,应该考虑当机器自动开枪时所触发的所有伦理问题。智能机器的开发者在用人工智能系统做杀人武器的时候，一定要三思而后行。（2018 年 6 月，谷歌拒绝与五角大楼续签一份合同，因为这份合同令许多参与人工智能研究的员工异常愤怒。）

但是恐惧不应该遮蔽我们的双眼，让我们对人工智能的好处视而不见。决策自动化为社会的个人、组织和社区提供了巨大的机会。但是随着机器能做出越来越好的决策，我们人类就越来越需要集中精力思考：我们要把什么样的决策权委托给人工智能。因为即使在用人工智能进行自动决策的时代，人类仍然希望决策能带来幸福，但这对计算机来说没有意义。机器永远感觉不到什么是幸福。

第二章

图灵的继承人：人工智能简史

"进步可能曾经是好的,但它持续太久了。"

——[美]奥格登·纳什(Ogden Nash),诗人

聊天机器人的智商测试

"机器能思考吗?"1950 年,英国数学家、密码学家和计算机先驱艾伦·图灵(Alan Turing)在他的传奇文章《计 算 机 机 械 与 智 能》(*Computing Machinery and Intelligence*)中提出了这个问题。他在正文的开头给出了一个简短的答案:这样问,这个问题就没有答案,因为"思考"很难被定义。在第二次世界大战期间,图灵已经展示出了他非凡的才能。他在促成计算机科学领域第一次伟大成就上做出了关键性的贡献,包括使用巨像计算机系统(Colossus computer system)破解德国的 Enigma 加密系统生成的代码。从那时起,盟军才开始能够理解纳粹的无线电信息。后来，图灵想用一个实践中的测试来回答关于"机器是否能思考"的抽象问题：让一台计算机通过电子设备与人交谈，如果设备另一端的人无法分辨与他们交谈的是人还是机器，那么这台计算机就应该被认为是智能的。

图灵设想使用电传打字机作为中介来进行测验。而当时的现代计算机科学才刚刚起步，因此他的设计只是一个思维实验，但对于每天要重复向计算机输入越来越长串数字的研究人员来说，这不啻为一种启发和激励。这之后的 20 年，世界上才造出了能勉强与人交谈的聊天机器人。但在 1950 年左右出现"机器是否能思考"这一问题绝非偶然。那时，科学技术已经以两种不同的方式取得了长足进步，使得人类可以开始想象能参加这个问答游戏的机器的存在。

构建智能机器至少需要两个元素：一套强大的逻辑规则，以及可以基于这些规则处理信息并从中得出逻辑结论的物理设备。

从启蒙运动到 20 世纪初,戈特弗里德·威廉·莱布尼茨(Gottfried Wilhelm Leibniz)、乔治·布尔(George Boole)、戈特洛布·弗雷格(Gottlob Frege)、伯特兰·罗素(Bertrand Russell)及阿尔弗雷德·怀特海德(Alfred Whitehead)这些哲学家和数学家们进一步发展了以亚里士多德理论为基础的古典逻辑。20 世纪 30 年代,库尔特·哥德尔(Kurt Gödel)用完备性定理(completeness theorem)和不完备性定理(incompleteness theorems)证明了逻辑的全部能力及其局限性。因此,复杂算法的基本逻辑目录就被创建出来了,而随之诞生的是计算机语言编写的指令。计算机要用这些指令才能执行交给它们的任务。

图灵又于 1936 年提出:只要是通过算法能解决的问题就难不倒计算机。他的理论模型后来被称为"图灵机器"(Turing machine)。这在某种意义上有些令人困惑,因为图灵机器不是一个物理对象，而是数学对象。而当时可以执行该模型的机器还没有被创造出来。不过没多久，在 1941 年，德国工程师克兰德·楚泽（Konrad Zuse）就取得了相应的关键突破。他创造了世界上第一台可编程的全自动电子计算机 Z3，并使用 1 和 0 的二进制代码来计算飞机中的振荡。然而这个非常具有前瞻性的计算机毁于 1943 年的空袭。

数字技术在美国发展得最快。1946 年，世界上第二台现代电子计算机埃尼阿克（ENIAC）面世。这是宾夕法尼亚大学研究人员自 1942 年以来的研究成果，主要用于计算炮弹设计表。

1950 年，当图灵用他著名的问答测试重新提出关于"机器是否能思考"这个问题时，ENIAC 的升级版本已经在计算弹道飞行路径，并且结果可靠。由于有美国国防部下拨的大笔预算，大学和工业界的研究人员和开发人员迅速提高了计算机的计算性能，从而为第一个 AI 程序创建了必要的硬件。这个 AI 程序的第一次亮相是在一个大会上，也是在这次大会上，这门年轻的学科有了自己的名字。

在达特茅斯开球

1956 年夏天，近 20 位数学家、信息理论学家、控制论家、电子工程师、心理学家和经济学家在达特茅斯人工智能夏季研讨会（Dartmouth Summer Research Project on Artificial Intelligence）上相遇。他们向洛克菲勒基金会陈述了申请资助的理由："学习的每一个方面或智力的任何特征在原理上都可以被精确地描述，因此我们可以制造一台机器来模拟它。"与会者一致认为，思维是有可能在人脑以外产生的。在他们看来，只要揭开大脑"神经网络"背后的秘密，人类就可以构建出一个电子大脑。

与会者的这种信念基于法国哲学家朱利安·奥弗雷·德·拉·梅特里（Julien Offray de La Mettrie）200 年前的一个观点：人类是机器。针对如何创造一个电子大脑的问题，与会者们激烈地辩论了两个月。由于在概念问题上的持续冲突，会议几乎忽略了艾伦·纽威尔（Allen Newell）、赫伯特·A·西蒙（Herbert A. Simon）和克利夫·肖（Cliff Shaw）关于一个名为"逻辑理论家"（Logic Theorist）的计算机程序的介绍。该程序有意识地模仿了人类解决问题的策略，而且常常能比人类更优雅地证明数学理论。"逻辑理论家"是第一个不仅具有处理数字的能力，而且具有处理符号和标志的能力的计算机程序。这为计算机理解人类语言和识别上下文奠定了重要基础。但这个重大突破却几乎没有被在场的研究人员注意到，甚至这个程序的开发者也没有认识到它在未来的发展前景。

相反，围绕"人工智能"这个概念，与会者们却不断爆发口水战。这个术语首次出现在会议的资助申请提案中。它的创始人约翰·麦卡锡（John McCarthy）是一位年轻的逻辑学家及夏季研讨会的共同发起人。然而来自麻省理工学院的马文·明斯基（Marvin Minsky），贝尔实验室的克劳德·E·香农（Claude E. Shannon）和 IBM 的亚瑟·塞缪尔（Arthur Samuel）都对这个概念不太满意。但是这个词很简洁，尤其是它的缩写"AI"很受新闻记者的欢迎。在接下来的几十年里，当涉及为 AI 筹集研究资金或投资资金时，它总是充当着极好的营销标签。甚至当许多与会者离开达特茅斯的时候，他们都觉得真正的研究议题没有得到太多关注。不过，这并不妨碍此次会议成为人工智能大爆发的原点。

之后，约翰·麦卡锡开发了 LISP 编程语言，为许多 AI 应用程序奠定了基础。很多美国大学都成立了专攻人工智能的学院。匹兹堡的卡内基梅隆大学、马萨诸塞州的麻省理工学院和加利福尼亚州的斯坦福大学成为了人工智能的研究中心。而这些新机构的负责人几乎都是达特茅斯会议的参与者。这片欣欣向荣的景象吸引了大笔资金。美国军方和 IBM 等公司均大力投资智能计算机。不久，西屋电气公司（Westinghouse Electric）研发的笨拙的机器人出现在美国电视上，并告诉观众："我的大脑比你的大！"而在欧洲和日本，关于人工智能的首轮资助计划也启动了。在这些资金的支持下，人工智能迎来了一系列成功，给全人类，特别是非技术人员留下了深刻的印象。

1959 年，亚瑟·塞缪尔（Arthur Samuel）为西洋跳棋编写了一个程序。这个程序可以和非常优秀的棋手抗衡。而在这之前，西洋跳棋程序只包含游戏的基本规则，虽然经过反复改进与升级，还是完全无法对抗经验丰富的玩家。塞缪尔是一位电气工程师，他通过教 IBM 大型机器与自己对抗并记录下在特定情况下某一步棋的胜率，从而获得了突破。由此，人类第一次教机器自主学习,并且诞生了"机器学习"的方法和概念。不久,这位流淌着人类血液的老师就没有机会击败他那以晶体管为骨骼、血肉的学生了。这个过程在许多其他游戏中也反复出现——象棋、围棋、扑克——但是比人工智能研究人员预想得要晚得多。直到 1997 年,人工智能才"学会"下国际象棋。同时,人工智能在比游戏更具实用价值的领域也获得了一些成功。

计算机专家与专家计算机

1961 年,Unimate 机器人已经开始在通用汽车装配线上工作。不久之后,第一个能够用照相机和传感器探索周围环境的部分自主机器人 Shakey 开始在位于加利福尼亚州门罗公园的斯坦福研究所的实验室里移动。到了 1966 年,约瑟夫·韦森鲍姆(Joseph Weizenbaum)造出了第一个具有处理自然语言能力的聊天机器人原型——ELIZA。韦森鲍姆出生于柏林，是和犹太父母一起从纳粹手中逃到美国的。在早期，ELIZA 就能偶尔成功地在书面对话中骗过人类。它通过模仿一位心理学家，扮演成医生而成名。许多人，包括韦森鲍姆的秘书，都把他们埋藏最深的秘密向这个简单的程序倾诉，这令韦森鲍姆也感到非常惊讶。4 年后，MYCIN 系统开始帮助医生诊断某些血液疾病并推荐治疗方法。1971 年，特里·温诺格拉德（Terry Winograd）在论文中指出，计算机能够推断出儿童书籍中某个英语句子的上下文；同年，第一辆自动驾驶汽车在斯坦福问世。然而，这些成功并没有达到人们的预期。

自达特茅斯会议以来，人工智能研究人员经常吹嘘 AI 的能力。他们承诺计算机很快就能翻译文本，为顾客提供咨询服务，并负责大规模的管理工作。他们想要建造智能机器人，并使用这些机器人来制造可以由电脑驱动的汽车。他们宣布，人们可以向计算机提出任何问题，而计算机会像科幻小说里描述的宇宙飞船所搭载的计算机一样快速又可靠地给出正确答案。20 世纪 70 年代初，人们对人工智能的期望已经达到了顶峰，但技术人员却未能兑现自己曾经许下的承诺。当时计算机的计算能力和存储容量都不足以将理论概念付诸实践。研究人员甚至无法检验他们的理论是否适合实际应用。

越来越明显的是，人工智能专家们大大低估了思想和语言的复杂性。而他们喂食给智能计算机的各种数据还非常匮乏。在当时，甚至连百科全书都还没有被数字化。而且在让机器变得更聪明以前，专家们要先考虑的是如何让机器人在工厂工作时变得更熟练。而接下来，"人工智能的寒冬"就开始了。

炒作周期中的人工智能

政府的人工智能研究项目大幅被削减。而计算机行业则更倾向于开发投资硬件设施和具有实际应用价值的软件。

人工智能研究人员不仅失去了资源，也失去了他们作为信息技术英雄的光环。但这恰恰对他们是有益的。他们中的很多人开始重新聚焦于更小一些的目标，甚至连他们使用的术语都变得谦虚多了——"基于规则的专家系统"和"机器学习"听起来不像人工智能那么光芒万丈了。但是正因为聚焦于细微之处，虽然他们没有宣称这是一场会把世界推向顶峰的重大革命，事情却突然开始朝好的方向发展起来。计算机没有一夜之间变成超级聪明的聊天伙伴，却变成了完成专业任务的得力助手。

专家系统从案例数据等信息中得到了越来越智慧的转化。为此，研究人员按照程序化原则建立了"如果—那么关系"（if-then relationships）：如果一个人流鼻涕、嗓子疼和发烧，那么他得的就是病毒性流感而不是伤风感冒。

基于 MYCIN〔1〕获得的经验，专家系统随之拓展到其他更复杂的领域，如肺部测试、内科医学、化学分子结构分析及地质岩石地层分析等，并被投入市场使用。很快，专家系统也被用来为辅助呼叫中心配置计算机并协助那里的员工。

世界上第一个商业语音识别系统于 1982 年上市。它被命名为 Covox，唯一技能是把口语转变为书面语。在慕尼黑的德国陆军大学，机器人专家恩斯特·迪特·

---

〔1〕 MYCIN 系统是一种帮助医生对住院的血液感染患者进行诊断和选用抗菌素类药物进行治疗的人工智能。

迪克曼斯（Ernst Dieter Dickmanns）为一辆奔驰面包车配备了智能摄像机，以便它能够在测试场地中以差不多每小时 60 英里的速度实现完全的自动驾驶。

尽管人工智能在小范围内出现了许多进展，但它的寒冬要比许多研究人员在 20 世纪 70 年代初所能想象的长得多。即便是热爱机器人的日本，它在 20 世纪 80 年代也削减了对智能机器的投资。在美国，政府和私人研究赞助商对人工智能的评估结果是：目标远大，但收效甚微。随着世界越来越数字化及网络化，人工智能的气候才变得温和了。

1993 年，世界上出现了第一个使每个人都可以访问互联网的浏览器 Netscape，它随之创造了一个蕴含着人们难以想象的丰富数据的空间，而这些数据可以投喂给计算机进行处理。因为按照摩尔定律（Moore's Law），计算机芯片的计算速度每一到两年就可以翻一番，而芯片的存储成本却越来越低，所以计算机一直没有被新的数据量所淹没。同时,数据连接的技术也不断被改进,从一开始的有线连接变成了无线连接,数据交换因此越来越便捷。

　　云计算技术最终使计算机的计算和存储能力像电流一样遍及全球。建立在联网的服务器上的数据处理也使得在平板电脑或智能手机等小型消费设备上运行复杂的AI 应用程序成为可能。这些技术的发展改变了人工智能的进程。

原始计算能力

　　20 世纪 90 年代初,麻省理工学院有一个可爱的机器人 Polly。它会带领人们参观人工智能实验室,幽默地与人们互动,并模拟人类的感受。它代表了人工智能新时代的到来。1997 年,人工智能在全球观众面前登上了舞台：IBM 电脑深蓝击败了国际象棋世界冠军加里·卡斯帕罗夫（Garry Kasparov）。从狭义的角度来说，深蓝根本不是一个人工智能系统，它完全不能从自己的错误中学习，而只是一台速度极快的计算机，能够每秒评估 2 亿个棋位。该机器使用所谓的蛮力算法，即处理方法很粗暴，但结果似乎表现出它很聪明。计算机战胜聪明的俄国人的电视画面激发了研究人员、制片人和用户的想象力。现在，艾伦·图灵等先驱们在二战后就梦想的事情在技术上终于成为了可能：智能机器能够识别图片和人，回答复杂的问题，将文本翻译成其他语言，甚至能够自己编写创造性的文本，为水陆空各种交通工具导航，预测股价，为病人做出准确的诊断。

Jeopardy!，围棋和 Texas Hold'em

为了理解过去 10 年人工智能的基本进展，我们有必要了解一下在游戏类人工智能领域人机之间的竞争。2011 年，人工智能在国际象棋大赛中战胜了人类棋手。紧接着，IBM 的沃森系统在美国电视游戏节目 Jeopardy! 中对战近几年的国际象棋总冠军并获得了胜利。与深蓝不同，沃森是一个从数据中学习的系统，它的主要成就不是以闪电般的速度从百科全书或报纸文章中查找已存知识——这对于计算机来说已经不是什么新鲜事。Jeopardy! 智力竞赛节目的特别之处在于其幽默、具有讽刺意味的提问，所以参赛者必须常常"跳出框框"的思维。因此，沃森在 Jeopardy! 中的胜利反映了人工智能研究人员已经成功地解决了一个对于计算机来说极其困难的问题：语义分析，换句话说就是能够理解人类语言，并在适当的上下文中对单词和句子的意义进行分类。

2016年，来自谷歌的数据科学家帮助一个自适应系统战胜了世界上最优秀的围棋玩家。在这个亚洲棋盘游戏中，变化的可能性比宇宙中的原子还要多。即使是最快的超级计算机也不可能预先计算所有可能性，更不用说人类了。所以，下围棋需要结合逻辑和直觉。天才棋手和经验丰富的棋手在特定情况下能感觉到正确的一步棋，因为他们下意识地察觉到了曾经在历史棋局中见过的模式。因此，直觉是他们经验知识的捷径。经验知识不是外显的，而是隐秘地存储在他们大脑里的突触中。棋手们无法解释为什么这么走会是一步好棋，而是他们的直觉让他们做出了决定。

计算机没有感觉，但它可以像塞缪尔的跳棋程序那样与自己进行数百万次的对战。谷歌的阿尔法狗（AlphaGo）就是以这种方式积累了经验知识，从而能识别模式和可能适合它们的策略。在专家眼中，AlphaGo 有时看起来特别有创造性，而这实际上是由模式识别、统计和随机数生成器巧妙结合产生的结果。AlphaGo 的胜利清楚地表明：直觉和创造力（取决于怎么定义）不再仅仅是人类独善的领域。

2017 年 1 月，卡内基梅隆大学的超级计算机 Libratus 在所有纸牌游戏，甚至是没有限制模式下的德克萨斯州扑克中都击败了世界上最好的玩家们，而这台超级计算机的训练者仅仅是两名科学家。这一事件几乎没有在任何报纸登上头条，但其实它极其重要。因为扑克是一种集精明商人的所有素质于一身的游戏：战略思维，评估他人处境和行为的能力，以及适时冒险的欲望。如果一台机器能在扑克牌游戏中打败人类，那么它也能在日常商务谈判中打败人类。

顺便提一句，近 20 年来，世界上一直在举办以图灵测验为主题的世界锦标赛，即勒布纳奖（Loebner

Prize)——只要一个人工智能系统能在 25 分钟的书面对话中使一半裁判相信它是人类，它的研究人员就能获得 2.5 万美元的银奖。但是至今无人获得该奖项，更别说奖金高达 10 万美金的金奖了！要获得金牌，参赛的人工智能系统不仅要通过书面对话测试，还要通过语音和视觉交流测试。"机器是否能够思考"这一问题可能在未来几十年内仍会被哲学家们所讨论。但智能机器通过图灵测试可能只需要几年的时间了。

第三章

机器如何学会学习:
人工神经网络、深度学习和反馈效应

"计算机就像童话里的巫师。他们给你想要的东西，却不告诉你应该期望什么。"

——[美]诺伯特·维纳（Norbert Wiener），
数学家

人工大脑？

1986 年，美国心理学家大卫·鲁梅尔哈特（David Rumelhart）和詹姆斯·麦克莱兰（James McClelland）提出了一个语言学习模型——它学习语言的方式无异于儿童。为了测试这个模型，他们让嵌入了模型的计算机写出英语动词的过去时态。首先，他们用 10 个常用动词训练计算机，其中 8 个动词的过去式是不规则的。然后他们把 410 个动词的原形——比如 start（开始）、walk（走）、go（去）——输入计算机。科学家们没有教系统任何规则，而是让计算机自己总结出现在时态动词改为过去时态的标准模式。计算机必须尝试各种选项，然后接收有关其解决方案和其他作为示例的动词的反馈，但是不会明确地接收到正确的解决方案。

很快，这个系统就发现许多动词都以加上"－ed"的形式表达过去时，例如 started、walked。而就像牙牙学语的孩子一样，它把这个规则过于简单地推广了，造出了"goed""buyed""readed"这样错误的词。但它的两位父亲给它下了指示，告诉它：对于不规则动词，它必须用不同的思路思考。它因此逐渐掌握了不规则动词的变法，比如"went""bought""read"。一旦明白了原理，这个初级人工语言大脑学习其他动词的正确过去时态的速度就越来越快。经过 200 轮以后，它掌握了鲁梅哈德和麦克利兰设定的全部 420 个动词。这个实验的重点就在于，计算机能够自己识别并完成分配给它的任务的规则和模式。当然，如果鲁梅哈德和麦克利兰一开始就向计算机提供正确的答案，那么一切都会变得很容易。区区 420 个动词，如果采用手动编程，计算机很快就能得到所有答案。但是计算机应该通过比较和反馈习得学习方法，这正是"机器学习"的目标。

人类通过学习变得聪明。所以，如果机器能像人类一样学习，那么机器也可以变得很聪明。早在 20 世纪 60 年代的第一个乐观阶段，人工智能研究人员就做出了这个猜想，但猜想随后很快就破灭了。随着大脑研究人员对人脑功能的越多发现，计算机科学家对于这个事实的认识就越清晰：我们几乎不可能制造出一个能复制人类大脑内部学习过程的人造大脑。

人脑是由进化产生的最复杂的结构。它由大约 860 亿个被称为神经元的神经细胞组成。平均每个神经元与其他神经元之间的连接超过 1000 个。这些连接称为突触。神经元和突触共同形成了一个复杂程度令人难以想象的网络。这个网络不仅可以存储信息，还可以使用电脉冲和生化信使来检索信息。而神经元只在特定时间段内，在达到一定阈值时才将信息——或者更准确地说，电脉冲——传递给下一个细胞，否则神经元就会断开连接。这与计算机中的二进制数字信息处理方法非常相似，因为二进制遵循的原则就是：0还是1？

简言之，在我们的生物神经网络中的信息处理过程是这样的：孩子看到马，听到他的母亲说"马"这个词。在布满神经网络的大脑中，语言中心和视觉中心之间就建立了联系。如果孩子经常把马的形象和词语"马"联系起来，那么这种联系就会被固定在大脑中，并且每当有人说"马"或者孩子看到马在小跑时，这种联系就会被激活。后来，也许是在小学二年级的时候，孩子学会了创造新的途径来存储"马"这个概念，也就是通过书写"h-o-r-s-e"这个词。然后在三年级的外语课上，神经元和突触可能又会把图像和英语词汇一同与德语中的"pferd"或西班牙语中的"potro"联系起来。人脑通过联想、连接来学习字面意义。连接被激活得越频繁，大脑就越能巩固所学的知识。而当大脑接收到连接有误的信息时，它也会进行自我修正。通过将许多不同的连接串联在一起,抽象的概念就逐渐在大脑中形成了。所以,即使是小孩子也能自己认出在连环画中的老鼠是老鼠——即使它戴着一顶草帽,腰上还别着一把手枪——而不需要年纪大一点的兄弟姐妹向他解释。

进化可以使成人大脑中所有神经通路的长度总和达到数万英里,但总体积不到 1.5 升。直至今日,我们还远远无法去设想如何构建一个具有类似人脑多功能特性和相对低能耗的人工大脑。在这个方向上,相关研究人员有过尝试,但均以失败告终。但是现在的机器已经能在一个方面做得很好,那就是使用数学和统计学来模拟大脑的联想学习过程,也就是把口语、图像、写作和许多附加信息联系起来的过程。

图形卡片的力量

目前，对于机器的人类训练师来说，最重要的辅助工具是人工神经网络（ANN）。鲁姆哈特和麦克勒伦在开发动词程序时就已经使用了该类型的网络。但那之后，这种方法的使用由于某些原因经历了很长时间的停滞。其中的原因之一就是缺乏能够在许多节点上足够快速地执行大量计算任务的计算机。近年来，由于新的并行处理器——图形处理单元（GPU）的出现，这种方法得到了迅速的发展。GPU 实际上是为三维计算机游戏的图形卡片而开发的，被调整后用于机器学习。在硅谷，一个流行的说法是"深度学习"（deep learning）。就技术而言，当前贴着人工智能标签的大多数新应用都是以深度学习为基础的。

人工神经网络和深度学习过程并不像大家通常假设的那样——复制人脑的神经通路和电子传导通路。它们更像是统计的过程。在这个过程中，计算机系统通过用层层分布的节点来模拟神经细胞。通常来说，上层节点与下层节点的子集相连。这样的分层方式形成了一个高度层级化的网络。如果一个节点被激活到一定程度，它就会将信号发送到与其相连的其他节点。但是，就像大脑中的神经元一样，如果它在特定时间内所接收的信号的总和低于给定的阈值，它就会中断连接。它的基本原理与大脑一样：如果有足够多的信号到达，它们就会向前传递；当只有少数信号时，它们就会被阻塞。像人类一样，人工神经网络通过反馈学习。

简单来说，学习过程是这样进行的：计算机接收到在图片中识别马的指令。为此，研究人员首先向计算机输入训练数据，在这个例子中，训练数据是由许多标记为马的图片组成的。接着，计算机的人工神经网络从数据中提取出马的外形的特征集：马的身体形状、耳朵和眼睛的位置、四条腿上的蹄、短毛、长尾等。该网络的第一层只检查每个像素的亮度，下一层负责寻找水平线或垂直线，第三层寻找圆形，第四层识别眼睛，等等。最后一层则将元素组装成一个完整的图像。通过这种方式，计算机就产生了一个预测模型，用于预测具有"马"的图片对象应该是什么样的。

和孩子一样，计算机首先必须经过测试，以判断它是否能正确地应用特征集。如果它识别出了一匹它以前从未见过的马，它就会得到一个积极的响应，并且研究人员不再校准它的节点。如果它认为狗是马，那么它就需要进行一些数学上的微调。在每次迭代中，系统都能提高其在大数据集中识别样式的能力。这是机器学习的总体目标。计算机系统通过从例子中学习，最终能归纳出结论。通过算法能找到的问题答案越多，计算机就越有可能在下一轮中准确地完成任务。

有监督与无监督的学习

　　图像识别只是应用机器学习的一个例子。神经网络正在推动机器人理财顾问和 Spotify[1] 音乐推荐的发展。他会检测信用卡诈骗，并确保垃圾邮件过滤器过滤掉没用的广告。在大多数情况下，人类仍然在这些系统的训练阶段起着重要作用。人们必须在许多层级上给出系统提示，以便机器得出更准确的结果。这就是专家们所说的"有监督的学习"。但是智能系统正在越来越多地在"无监督"的情况下自学。也就是说，算法自己寻找数据中的模式，而不需要人们指定算法查找的目标。而且，这些算法会识别相似性，并能够自动将对象集群——例

---

　　〔1〕 Spotify 是全球最大的正版流媒体音乐服务平台之一。

如，在图片中找到苹果不用首先将它们归类为"apple"。无监督的学习尤其适用于没有明确目标的用户。

例如，在IT安全领域中，会使用无监督学习来防御黑客攻击，目标是发现公司计算机网络中不熟悉的异常操作，然后立即发出警报。然而，与有监督的学习相比，无监督的学习还处于起步阶段，其潜力仍然难以评估，但期望值很高。Facebook人工智能研究主管杨立昆（Yann LeCun）坚持认为"有监督的学习是蛋糕上的装饰"，但"无监督的学习才是蛋糕本身"。

在理想的场景中，人工智能系统会自己从已学的知识中生成一些数据，也就是会深度学习。阿尔法狗就是一个特别生动的例子：人类把围棋规则作为显性知识提供给阿尔法狗。然后数据科学家将历史上许多比赛和标准情境加载到系统的记忆中，让它从中学习基本的游戏技能。但这只够创造出一个最好的业余玩家。阿尔法狗最终打败人类成为世界冠军是因为它与自己下了数以百

万局的棋。随着每一手棋和每一个对策，它创建了越来

越多的数据点，可以在其人工神经网络的节点中进行

加权。

反馈创造数据垄断

人类的老生常谈也一样适用于计算机学习系统：不

试过，你永远不会知道。而且，和人一样，只有当计算机

系统认识到它的尝试的成败时，这个尝试才有意义。因

此，反馈数据在计算机学习系统中起着决定性的作用（这

一点常常被忽视），比如学习系统是否找到了正确的电话

号码，是否计算出了最佳路线，或从照片中正确诊断出了

皮肤状况。计算机接收的反馈越频繁、越精确，它就学习

得越快、越好。

反馈是各种机械自动控制方法的技术核心。20 世纪

40 年代，美国数学家诺伯特·维纳（Norbert Wiener）为控制论奠定了理论基础。每一个技术系统都可以通过反馈数据，根据其目标进行控制和重新定向。这听起来比实际情况要复杂得多。

最早的控制论系统之一是来自于美国陆军的自动火箭防御系统。它被用于防御德国的 V1 巡航导弹，保护英国的城市。当雷达探测到德国的火箭时，它就会通过连续的反馈回路传递给防空炮关于敌方导弹位置的信息，并预先计算其未来飞行路径。防空炮则根据连续的反馈信号瞄准导弹，然后在恰到好处的时刻开火。截至战争结束，在英美两国发射的"复仇武器"中，有 70% 都被阻截在了空中。

值得庆幸的是，反馈回路的应用不只局限于军事创新。没有反馈回路，阿波罗登月计划将永远只是梦想，喷气式客机也不可能安全地飞越大西洋，也不会有喷射泵给活塞恰到好处地供给汽油，电梯门也不会在人腿被卡住的时候自动打开。但反馈回路在人工智能领域的价值是无可比拟的。因为它们是发展人工智能最重要的原材料。

当我们在谷歌的搜索栏中输入一个词汇时,反馈数据就开始起作用了。谷歌将立即弹出一些我们可能正在寻找的,甚至可能更好的搜索词条——因为许多其他的谷歌用户已经向系统反馈了这是一个被频繁搜索的词条,并且很多人接受了谷歌的建议,点击了这个词条。当我们接受谷歌的一个建议时,我们就创建了额外的反馈数据。如果我们输入别的词语,效果也是一样的。亚马逊通过反馈数据来优化其推荐算法,而脸书对用户在其时间线上看到的帖子也进行同样的优化。这些数据帮助贝宝(Pay Pal)以更高的准确性预测付款是否具有欺诈性——你猜对了,有关欺诈性取款的反馈往往非常激烈。

在人工智能时代,所有反馈数据的总和具有与工业时期大规模生产的规模经济和过去 25 年数字经济的网络效应类似的效果。规模经济降低了从福特 T 型车,到索尼显像管电视机,到华为智能手机等实体产品的单项成本,这是科学管理的发明者弗雷德里克·温斯洛·泰勒(Frederick Win. Taylor)所无法想象的。斯坦福大学的经济学家卡尔·夏皮罗(Carl Shapiro)和哈尔·瓦里安(Hal Varian)深入调查了使易趣网(ebay)、阿里巴巴、脸书、微信、优步、滴滴等数字平台形成垄断地位的网络效应。网络效应意味着,平台每增加一个用户,它对用户的吸引力就变得更大。使用 WhatsApp 的人越多,会下载安装该应用程序的用户就越多。因为每个人都有更多的机会通过该应用程序联系自己的朋友或熟人,或者参与群聊。运行安卓操作系统的智能手机越多,开发者为安卓开发应用程序的动力也就越大,而这又反过来提高了操作系统对用户的吸引力。

　　而对于人工智能来说,越多人向机器提供反馈数据,系统就会变得更加智能。反馈数据是智能技术学习过程的核心。在未来几年内,数字反馈将使自主驾驶系统、翻译程序和图像识别的商业应用成为可能。而反馈数据将会让立法者相当头痛,因为如果他们不采取新的措施来应对这个局面,反馈数据的长期积累将几乎不可避免地导致数据垄断。最受欢迎的产品和服务将由于不断获得反馈数据而得以快速升级。机器学习在某种程度上将嵌入这些产品中,这意味着新的进入者极少有机会对抗以人工智能驱动经济的头部公司。自我完善的技术会阻碍竞争。人类将必须寻求法律手段来解决这个技术问题。这一点我们将在最后一章讨论。

第四章

人类提问，机器回答：
人工智能成为日常助理、
销售人员、律师和医生

"死了以后会有什么感觉？"

——听到"我死了"这句话后，
ELISA 聊天程序问了这样一个问题。

虚拟助手

"Alexa，告诉我一个绕口令。"Alexa 稍作思考，便脱口而出："蓝胡子的蓝知更鸟。"（Bluebeard's blue bluebird.）这个由亚马逊出品的女声略微低沉的圆柱形扬声器自然不会被任何单词的发音难倒。Alexa——更确切地说，就是在 Echo 产品系列背后的亚马逊云储存中的一个包含丰富数据的系统——积累了大量陈旧的笑话。这个互动扬声器也会高高兴兴地按照人类的指令唱圣诞颂歌。自2015 年亚马逊 Echo 推出以来，它的"恶搞"功能为人类带来了很多欢乐——当然，这也取决于人们的笑点有多低。尽管人们对亚马逊这一产品的娱乐功能争议声不断，但是许多人却忽视了一点：Echo 并不是一个玩具，而是走向智能日常助理的技术突破。

Echo 的用户只要躺在沙发上发出语音命令，就可以打开暖气，调暗灯光，并要求 Alexa 在网飞（Netflix）上找一个类似《毒枭》但不那么血腥的电视剧。当你站在衣柜前的时候，你可以向 Alexa 询问天气情况并迅速得到答案；在厨房里，当你连手肘都沾满蛋糊的时候，你可以要求 Alexa 把鲜鸡蛋加入到购物清单里。Alexa 可以大声朗读新闻，或者告诉你你最喜欢的那支球队的得分。美国客户甚至可以从 Alexa 那里得知自己银行账户的余额，或者让 Alexa 帮忙从达美乐网站订购披萨。当然，你还可以通过 Alexa 购买在亚马逊上的任何产品，Alexa 还会为你做推荐，但 Alexa 绝对不只是一台销售机器。你还可以通过与 Alexa 对话检索任何词条或事件。为此，该系统汇集了来自各种在线资源（如维基百科或新闻网站）的信息，并会结合上下文对信息进行组织。

像 Alexa 这样的系统有一个专业的称呼——"虚拟助手",也常被人们简单地称为机器人。几年来,美国和亚洲的数字技术巨头们一直在争夺由语音控制的虚拟助理领域的主导地位。他们组建了庞大的由数据科学家和机器学习专家组成的团队,收购人工智能初创公司,比如三星在 2017 年收购了在虚拟助手领域冉冉升起的明星公司——加州的 Viv Labs;一些大公司,如微软和亚马逊,还组成了联盟,它们的数字助手将来会合作为用户服务。这些公司如此努力不是纯粹出于对技术进步的热爱,而是害怕它们的商业地位会被动摇。今天,对于苹果(Siri)、谷歌(谷歌助手)、微软(Cortana)、Facebook(M)和三星(Bixby)的战略专家们来说,一个很明显的趋势就是在未来许多甚至可能大部分数字服务的访问方式都将和"进取号"飞船[1]上的情形一样：人类问出问题，机器回答。如果这台机器不能提供答案，人类就会寻找另一台机器。

用户总是希望机器能够为更复杂的问题提供更精确的答案。"谷歌，我想在3月飞到瑞士滑3天雪。哪些滑雪场那时候肯定还有雪？哪里有便宜的旅馆？什么时候有便宜的航班？我需要租车解决从苏黎世机场到滑雪场的交通吗？"要回答这样一个问题，虚拟助手不需要通过图灵测试，只需要研究和汇总事实，以此为基础做出决策即可。另外，人类还有一个期望——这个比较合理——那就是把列日常决策清单的任务交给智能机器。这件事不复杂，但很让人心烦。而虚拟助手可以做到及时帮你订购打印机墨盒，不会忘了账单的付款期限，而且也会比

---

〔1〕　进取号飞船(Starship Enterprise)是电影《星际迷航》中的太空舰队。——译者注

人类更能意识到账单金额太高,从而拒绝付款。

硅谷创业公司 x.ai 开发的被称为"艾米"或"朱莉"的会议预约协调助手预示着未来智能代理将会承担大部分烦人的日常工作。它们的目标受众是没有个人助理的人。用户需要允许人工智能助手访问他们的日历和电子邮箱。会议预约的设置过程如下:邮箱里出现了询问会议的电子邮件。用户通过电子邮件发出同意的基本信号,这些回复会被抄送给"艾米"或"朱莉"。之后,人工智能助手负责后续邮件往来,直到业务伙伴就时间和地点达成一致,或者明确谁会在何时打电话给谁及电话号码的信息。而更高级的系统将会负责整个日程安排并确定优先级,甚至在有需要的情况下自动推迟预约;系统还会在会议中向用户显示相关信息,并提醒他们不要忽视某些细节。

会议协调助手目前已经发挥了相当大的作用,当两个虚拟助手代表他们的人类老板彼此协调时,它们几乎总能完美地完成任务——相比与人类合作，计算机之间的合作更高效。同时，越来越多的人开始在比较复杂的事情上听取计算机的建议。比如在高速公路发生大堵车时，驾驶员是耐心等待还是走相对更长的城郊公路？这时一个像 Google 这样的预测软件就能够相当精确地计算出这个问题的答案，而这还得归功于使用安卓操作系统的智能手机用户提供的大量实时数据。

销售机器

毫无疑问，亚马逊为 Echo 的开发投入了数亿美元并非一时兴起。而 Echo 取得了如此巨大的成功也并非巧合。成立于 1996 年的亚马逊已经很清楚如何从数据中推断出客户的需求，这是其他公司做不到的。自 1998 年引入个性化推荐系统以来，亚马逊利用其客户的信息，已经能很精确地推断出应该在什么时间，以何种价格向特定用户推送哪款特定产品会提高该用户将该产品放入购物车的概率。亚马逊是西方规模最大的在线零售商，它还没有公开其虚拟推荐机制运行情况的确切数字。但是专家们认为，通过亚马逊推荐系统的购买建议刺激消费者做出的购买行为占到亚马逊网站所有购买行为的 1/3。占比如此之高，说明顾客真的把推荐看成是明智的建议，而不是像我们看待在线广告那样，认为它们是在网络上追着我们、硬要把我们不感兴趣或者已经购买了的产品塞给我们的讨厌鬼。一方面，数字营销的突兀性灼伤了很多客户的购物积极性。另一方面，网络广告糟糕的形象却鼓舞了创业者，让他们致力于把虚拟购物建议变得更智能。

Stitch Fix 就是这样一个先行者。这家位于加利福尼亚的初创公司通过订阅服务向顾客提供时尚服饰，用技术术语来说就是"策划购物"（curated shopping）。它定期向客户寄出一个盒子，里面装着 5 件衣服，顾客可以选择留下几件，不要的就退回。公司尽其所能地让盒子里的衣服符合顾客的品味，因此蓬勃发展起来。不过，每一次退货都会对公司造成损失。为了提高成功率，Stitch Fix 高薪聘请了 80 多位数据科学家，他们使用极其复杂的算法和最新的机器学习方法来提高预测的准确度：这个客户会保留这件衣服吗？除了调查表和购物历史等显而易见的数据源——即顾客过去留下或退回的服装饰品的反馈数据——系统还会根据顾客喜欢的 Instagram 照片进行计算。AI 有时候会在照片中识别出一些模式，而这些模式反映出了一些连客户自己都没有意识到的偏好。

而像梅西百货（Macy's）这样的美国百货公司和英国的乐购（Tesco）、法国的家乐福（Carrefour）这样的大型超市则试图通过使用购物助手的应用程序，将在互联网商务中已经被证实有效的推荐机制应用到实体商店中。如果顾客的购物清单中有洗发水这一项，或者顾客在经过超市农产品区时通过语音询问了有关洗发水的信息，那么该应用程序就会帮助顾客找到抵达洗发水货架的最快路线。当一个顾客站在红酒货架前，他无需询问，应用程序就会显示洛克福酒庄的红酒今天有折扣。诚然，所有这些虚拟购物顾问的问题在于，因为它们是由商品供应商提供的，所以几乎可以确定无疑的是，它们会把供应商的利益放在高于购物者利益的位置上。因此，更高级的人工智能购物助手拥有重视与客户长期关系的设定，就像信誉良好的商人一样。它们不会误导顾客做出事后会为之懊悔生气的购买决定。

如果有更多虚拟购物助手能够独立于供应商来向消费者提供销售建议，那就更好了。其中用于价格比较的应用程序就是独立于供应商的。它们会向消费者提供他们之前搜索过但未购买的产品的销售情况。但是目前市场上仍然没有机器人能够系统地观察用户在所有产品类别中的消费行为，并从用户的购买决策中了解他的喜好和支付意愿。虚拟购物助手无法得知厕纸一般一周就用完了，也还不能自行启动例行的采购，还不知道在哪些情况下需要为人类客户准备好决策模板、与供应商协商价格。对于那些关心数据隐私的人来说，像这样的虚拟助手意味着消费者的信息将更加透明，从而使消费者的行为变得易受操纵。但对于那些不喜欢在购物上浪费时间的人来说，这非常便利。如果这样的虚拟助手能够成为客户实际生活中的代理，而对供应商保持中立，那么它们也不会像我们人类那样经常被愚蠢的营销技巧所欺骗。

机器人律师

在法律咨询领域，人工智能提供服务的范围正在迅速扩大。现在世界上最成功的虚拟法律助手可能是

DoNotPay。这个名字听起来很狂妄,却让人印象深刻。这个法律机器人是由 19 岁的斯坦福学生乔舒亚·布劳德(Joshua Browder)设计的,目前正帮助美国和英国的用户对不公正(至少车主是这么认为的)的停车罚单提出上诉。这个机器人会询问相关信息,然后只要几分钟,就会给出一个个性化的,符合当地情况的,有严密法律逻辑的上诉文案。

用户只需要将其打印出来,在上面签名,然后将其寄送出去就行了。在 2015 年到 2017 年的两年间,这位机器人律师已经帮助其客户成功免除了大约 375000 张罚单。现在,布劳德正在将机器人的专业领域从交通法扩展到许多其他法律领域,如针对航空公司的索赔、产假申请、租金问题及请求美国和加拿大提供庇护的申请被拒的案子。自 2018 年 3 月以来,DoNotPay 甚至迫使航空公司向订购了价格虚高的机票的乘客退款,捍卫乘客重新订票的权利,并利用航空公司的合规法打击价格欺诈。

而说到收费结构，这个法律机器人同样忠实于它的名字：服务是免费的。当然，该机器人提供免费服务还有其他原因，其中之一就是 IBM 允许布劳德免费使用它的 Watson 人工智能平台。

DoNotPay 只是法律界数以千计的机器人和研发项目中的一个。法律科技（LegalTech）公司的繁荣有两个简单的原因。首先，法律专业知识很贵。因此，通过自动化那些常规的法律工作或帮助用户跳过律师，商家就可以赚很多钱。其次，在人工智能的帮助下，法学特别适合被自动化，因为它是建立在使用高度形式化的语言所精确制定的规则（法律和法规）之上的，并且有许多以书面、注释和合同形式记录的案例，具有模式识别能力的机器就能对其进行比较。目前，大多数智能法律技术仅为专业人士，即律师和公司法律顾问所用，他们用此类技术来检查法律合同中的陷阱，在进行尽职调查时梳理成堆的文件，并计算向哪个法庭提起诉讼成功的概率最大。

随着法律机器人涉足的领域越来越广,用户界面会变得越来越简单,甚至外行人也可以直接使用它。DoNotPay 的创始人布劳德在 2017 年夏天开放了这个由 AI 驱动的聊天机器人的技术的源码。因此,就算是任何没有技术知识的法律专家也可以构建应用程序了。DoNotPay 的目标是能在不远的未来,在上千个法律领域——从离婚法到个人破产法——提供快速有效的法律援助。这不是每个人类律师都能做到的。一个免费的法律机器人也不会费心去制定一个尽可能复杂的合同以增加它的计费时间。当然,人工智能要达到像某一特定领域最优秀、最昂贵的律师一样聪明可能还需要经过较长的时间。但在面对普通法律案件的时候,人工智能已经能经常地打败普通律师——有时是以绝对优势。

2018 年 2 月,在由法律人工智能平台 LawGeex 组织的"人 vs 机器"的比赛中,一个经过训练的人工智能系统在审查合同时,比 20 名经验丰富的人类律师更准确地识别出了保密协议中的法律问题，其准确率高达 94％，而人类律师的准确率仅为 85％。而且人工智能完成这项工作的速度非常快，只要短短 26 秒；相比之下，人类律师就慢得多了，平均要花上 92 分钟！

也就是说，数字规模机制将开始生效。一旦人工智能程序被开发出来，并开始通过反馈效应进行持续学习，那么如果开发者允许，人工智能就能向很多人提供廉价服务。随着专业知识的民主化，消费者将被赋予更多的权利，普通专家的业务水平也能获得提升。而在人工智能的另一个领域，机器学习也在最近几年为人们带来了很大的希望，这个领域就是医学。

我怎么了，Watson 医生？

机器能比人类更好地诊断人类疾病吗？许多实验和

研究表明情况正是如此,特别是在肿瘤学、心脏病学及遗传性疾病领域。例如,CAT 扫描仪学会了深度学习,因此可以更准确地预测某些类型的乳腺恶性肿瘤的生长情况,从而可以帮助医生做出更好的治疗决策。但这仅仅是通过人工智能实现医学进步的第一步。通过识别细胞样本的模式,计算机算法已经归纳出区分良性和恶性肿瘤特征的方法,而这在以往的医学文献中是完全查不到的。人工神经网络不只会诊断病情,还在进行着医学领域的前沿研究。

　　未来,廉价传感器将大规模地分布在标准产品中,收集海量数据,从而为人工智能医疗创新奠定基础。智能手表会全天 24 小时监测用户的心跳,当它发现用户心跳模式偏离标准值,预示着心脏病发作的可能性很大时,它就会发出警报。而这还得感谢机器学习——大量遗传数据被输入人工神经网络用于基因分析,从而让计算机"学会"识别人类用户的心脏病风险。

　　基于 6 个月大的婴儿的大脑 MRI 图像，人工智能可以预测他们是否会在儿童或青少年时期发展成自闭症。这将对这些孩子产生极大的益处，因为治疗开始得越早，就越能控制病情的负面影响。人工智能不仅可以前瞻性地为婴儿找到当时可用的最佳疗法，而且可以开发出针对个体基因组最有效的药物。

　　研究人员和初创公司也正在紧急研究如何运用大数据和机器学习的方法，以预测登革热等流行病的爆发时间和周期，以便公共卫生服务部门能够及时引入对策，甚至是将流行病直接扼杀在爆发前夕。

　　简而言之，人们希望人工智能能够挖掘基因数据库、患者档案、科学研究和流行病统计数据，以便将患者的护理、研究、诊断和治疗提高到一个新的水平。当然，如果人工智能能够帮助医生尽快地治好尽可能多的疾病，那就太好了。不过，对于这种医疗大突破的宣言，我们还是得谨慎地看待。因为市场原因，这个领域的研究人员和公司创始人总是倾向于夸大其词。不过,我们需要保持谨慎的更重要的理由是,几乎没有任何领域会像卫生和医药领域那样受到严格的监管——从医务人员的资质,到药品和医疗器械的审批程序,到对病人隐私的严格管控。这样的做法当然有其合理之处,但代价是研究实验室里的创意要变成医院和医生办公室里的应用需要走过漫长而崎岖的道路。

在医疗领域,人工智能创新的最重要的原材料——病人数据,以许多不同格式存储在密封的数据库中,受到法律保护。为了使这些数据在法律上和技术上完全被用于人工智能的应用程序,人们通常必须花很多力气来进行匿名处理,然后清除痕迹,并做匀质化处理。

当创新最终进入医疗实践领域时,另一个问题又出现了:我们是相信基于数据的人工神经网络的判断,还是相信可能从孩提时代就一直在治疗我们的有经验的医生的判断?也许一个计算机科学专业的学生会毫不犹豫地

选择相信人工神经网络，因为他相信统计学。但是，一些
患者会在当决策权从人类手中逐步转交到机器手中的过
程中经历犹豫和挣扎。

　　长期以来，医生和律师都高居熟练知识工作者的榜
首，但是就连他们的工作竟然也都受到了人工智能自动
化的威胁——也许人类对同理心的追求会推迟他们被替
代的时间——就不必说审计员、投资顾问、保险代理人、
行政官员、社会工作者和销售员了。甚至连程序员，这个
创造人工智能系统的职业也不能幸免——这岂不是技术
史上的一大讽刺？

　　正如第一章暗示的那样，研究就业和趋势的工作人
员其实掌握的相关数据很少，因此他们对未来自动化程
度的预测及由此产生的对就业的负面影响的判断并不准
确。冷静地想一想，其实人工智能必须清除一些障碍，才
能让人们相信它的判断和决定。而且在许多情况下，如
果没有专家的帮助，大多数普通人几乎不可能获得人工

智能的建议，或者不知道如何理解人工智能的建议。当我们最宝贵的财富——我们的健康——受到威胁时，我们不会想要冒险。但是我们可以要求医生使用最好的人工智能系统，以便根据数据证据而不是他们的直觉开处方。

在 Stitch Fix，仍然是人类最终决定每个盒子里放哪些衣服。数以千计的人类造型师会在盒子里附上个人建议，而且随时准备回答客户的问题。即使在这个以算法主导销售的公司，人们还是相信，人类终归比机器更擅长销售，因为他们会与客户建立人际关系。

也许世界不会因为缺了律师而乱套。越来越多的人在解释越来越复杂的规定，这对经济和社会有什么附加价值？DoNotPay 的创始人布劳德说："法律行业是一个价值 2000 多亿美元的产业，但我更感兴趣的是法律自由。"他还补充道："一些大型的律师事务所当然不会高兴。"作为客户，我们将要求律师使用 LegalBot Ross 这样的人工智能工具以降低价格，提高服务质量——LegalBot Ross 现在主要被应用于像 BakerHostetler 这样大型的律师事务所。

在几乎所有决策过程被自动化的知识型行业中，我们也可以重新审视知识工作者的大规模失业问题：销售员、律师和医生应该思考如何在人工智能的帮助下帮助更多的人。这里的指导原则是强化决策（augmented decision making）而不是纯粹的自动化。IBM 的首席执行官弗吉尼亚·罗曼提（Virginia Rometty）说："有些人称这种技术为人工智能，但事实上这种技术将增强人类的能力。因此，我认为，与其认为我们在打造人工智能，不如认为我们在增强人类的智能。"如果罗曼提的观点正确，那意味着在未来几年内，人工智能将不会取代知识工作者。相反，精通人工智能技术的销售人员、律师和医生将取代那些不知道如何使用人工智能来帮助他们决策的同事。

第五章

机器人成为人类的合作者：
网络物理系统、合作机器人和
能计算感情的机器

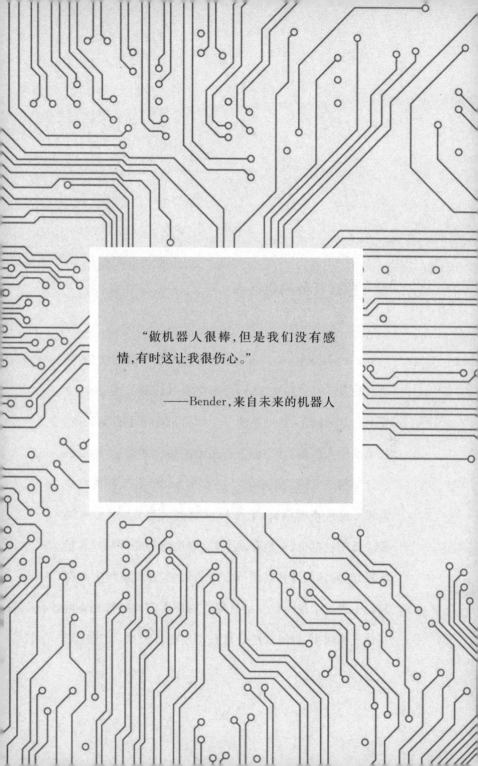

"做机器人很棒,但是我们没有感情,有时这让我很伤心。"

——Bender,来自未来的机器人

参与救援任务的机器人

2011 年 3 月 11 日下午 2 点 45 分,日本福岛发生了 9 级大地震。在福岛核电站,外部电源被切断了,但是应急发电机却启动了,核电站的三个运行反应堆则自动关闭。技术安全人员报告说,应急备用电池按计划接通,将足够的冷却剂继续输入燃料棒。一小时后,30 英尺高的海啸淹没了反应堆的内部,第二波海啸也紧随其后。海水冲毁了备用发电机、电池和水泵,反应堆池中的冷却剂开始蒸发,燃料棒温度升高到了危险的程度,在反应堆安全壳装置中形成了高爆炸性的氢气。安保人员试图打开通风口让气体逸出,但是这些通风孔不能远程控制,而反应堆厂房内的辐射水平已经很高，工人们无法接近这些通风孔手动打开它们。地震发生 24 小时后，核电站 6 个反应堆中的一个发生爆炸，两天后第二个和第三个反应堆相继发生爆炸。这些反应堆块中的燃料棒的熔化已经不可能被阻止。

　　这是世界上继切尔诺贝利事件以来最严重的核事故，伤亡情况仍未明确。当时有 10 多万人被疏散，清理工作预计将持续 30 至 40 年，耗资将达 2000 亿美元。但是，如果核电站的工程师能够把机器人送入至人类因过热和辐射严重而无法接近的反应堆堆块中，那么结果会怎样？他们能打开通风口，放出氢气吗？机器人能采取紧急措施，使关闭过程回到正确的顺序吗？这是否就可以避免最糟糕的情况，让地震和海啸的后果不那么严重？不仅日本报纸提出了这些问题，美国国防部研究中心的 DARPA 机器人挑战赛的创始人也做出了相同的思考。

　　在意识到机器人可能会使进入福岛核电站的危险性

大大降低之后,这次"自动驾驶大赛"的目标被设定为推动灾难控制领域的机器人技术。参赛队伍的任务是制造能够在模拟紧急状态的人造环境中移动的机器人,机器人要能够爬上楼梯,爬过废墟,打开门。不仅如此,它们还要做到把垃圾移走,拔掉电缆,操作钻头之类的工具。当然,他们还要能够打开和关闭通风口。DARPA 还要求机器人能够爬上汽车并驾车前往灾难现场。

福岛核事故发生一年后,第一轮试验开始了。2015年,来自 6 个国家的 23 支队伍聚集在洛杉矶附近的一个马术竞技场进行盛大的决赛。参赛的类人机器人要通过一条类似经过福岛海啸摧残的障碍赛道。获胜的队伍将获得 200 万美元的奖金。成千上万的观众为这些平均体重 300 磅的钢铁选手欢呼,好像它们是奥运会 10 项全能运动员似的。然而,在人道主义救援任务中,这些机器人在速度、耐力和技巧方面给人的印象还远远比不上人类运动员。

比赛结果相当令人失望。赛后不久，Twitter、Facebook
和 YouTube 上都发布了两年间 3 场比赛的视频合集，你
会看到笨重的机器人无助地站在门把手前或蹒跚地上楼
梯，甚至在走直线时无缘无故地摔倒。一个机器人摔得
连头都掉了。一些观察家评论说，一个学龄前儿童都可
以在不到 10 分钟的时间里完美地完成这个障碍赛。但
还是有几个机器人完成了所有任务，其中速度最快的是
来自韩国的 DRC－Hubo，这个机器人用了 44 分钟。虽
然 Hubo 还不足以阻止福岛核电站燃料棒的熔断，但是
它和其他机器人小伙伴为技术发展走向这个目标提供了
关键的线索。赛场上观众疯狂的欢呼声和互联网上网民
的嘲弄，都是我们人类与机器人目前矛盾关系的有趣
反应。

网络物理系统

作家和电影导演塑造了我们对机器人的想象。弗里茨·朗(Fritz Lang)的动画电影《大都会》和艾萨克·阿西莫夫(Isaac Asimov)精心构筑的幻想世界填满了我们的大脑。有着婴儿脸的 Wall-E 帮助人类执行任务,终结者则给人类带来最严峻的威胁,而电影《机械姬》中迷人的艾娃则为人类提供了对异性的浪漫幻想。但是,当我们看到在机器人足球世界锦标赛上那些笨拙的塑料娃娃大小的类人形机器人将球推向对方时,人们对这些流行文化的期望就被狠狠地摔进了技术现实的泥潭。每年这一赛事的组织者都会提出:"到 2050 年,就没有任何人类冠军球队可以对抗机器人球队了。"

而现在,机器人技术正在进步的领域可没有核灾难和足球场那么引人注目，而是更多地在工业设施、仓库、火车（代替了驾驶员）、酒店大堂（接待客人）方面。机器人也接管了清洁玻璃外墙和地毯的工作，在果园里摘水果，修剪草坪等。而应用于这些领域的机器人也往往和我们想象中的不一样，他们的开发人员甚至不叫他们机器人，而是叫他们网络物理系统（cyber-physical systems）。这个术语指的是在物理世界中由数据流和数字智能引导的机器。自动驾驶汽车是其中最突出的例子，而无人机、智能挤奶机、智能收割机、自动叉车和智能家居也是网络物理系统的例子。

　　每年亚马逊的分拣挑战都会吸引大量媒体的关注。在这场竞赛中，机器人必须识别、抓住各种各样的物品，并将其放入一个个盒子中，并且在整个过程中不能造成任何损坏。这些物品从巧克力饼干、刷子到书本，不一而足。观看这个比赛也很有趣，但至少到目前为止机器还没能打败人类熟练工。目前，仓储机器人 Kiva"战队"已经在亚马逊的物流中心提供了数年可靠的运输服务。
Kiva 没有胳膊也没有头,是一台能提起重物的橙色手推
车,比吸尘器大不了多少。它能把重达 3000 磅的装满货
品的大箱子运送到包装站,在那里人类员工会对货品进
行包装。因此,仓库的工作人员不再需要在通道里匆忙
穿行——运输机器人会把货架运到他们身边。中央计算
机根据订单不停地计算最佳路线,指挥各个运输机器人。
制造商称有了 Kiva 的帮助,工作人员每小时可以完成两
到三倍数量的包裹任务。亚马逊对这个系统非常满意,
以至于在 2012 年以 7.75 亿美元的价格收购了这款机器
人的制造商。

在澳大利亚和智利的采矿作业中,英国矿业集团力
拓(Rio Tinto)使用着由日本制造商小松(Komatsu)和美
国制造商卡特彼勒(Caterpillar)合力生产的自动驾驶装
卸车。这一装卸车发挥着与 Kiva 类似的功能,只是规模
要大得多。它的体积像房子那么大,体重超过 80 万磅,

却会自动开到挖掘机前,等待自身装载完毕,然后把原料送到碎石机,或送到装载站将其转运到其他地方。

据 Rio Tinto 的人员称,这样的操作比雇佣人类驾驶员的成本低 15％左右。使用机器人卡车是通往全自动化采矿的又一步。类似情况还发生在智能工厂中,在那里只有少数人负责监控数字化控制的机器。在采矿业,自动化进程会特别快,因为这个行业的工作步骤非常简单,只要不断重复就可以。即便是在有着复杂工作流程的建筑工地,越来越多的网络物理系统和机器人也在不断地被投入运用,并将工作效率提高到了令人惊讶的程度。

假设要勘测一个占地 40 英亩的大型建筑工地,一个传统的勘测小组需要大约一周的时间。而来自德国的专业无人机供应商 AIBotix 的勘察无人机则可以在 8 分钟的全自动飞行中完成这项任务。而且,无人机比高水平的勘测人员测量得更精确。

来自澳大利亚的建筑机器人哈德良(Hadrian)比熟

练的砖瓦匠工作速度更快,同时精度更高。两天之内,它可以用一个 90 英尺的夹持臂,一个接一个地把砖块垒起来,造出一个民用房的外墙框架。它会根据 3D 设计图来建造房屋,误差不超过 0.5 毫米,而且不会搞错孩子的房间和厨房,并且始终使用正确剂量的砂浆。房子开始使用后,智能控制系统可以节省 30% 至 50% 的能源。但目前为止,智能家居系统对用户还不太友好。因此,这种技术的传播速度比预期的要慢,但不可否认,这是必然趋势。在智能住宅中,传感器能感觉到是否有人在房间里,判断灯、暖气或空调是否可以关闭。一个真正智能的住宅还会定期查看天气情况,并计算已经经过暖气加热的住宅的墙壁、地板和天花板持续辐射热量的时长。如果暖气流将至,它就会提早关闭暖气。

智能机器人在农业领域的进展尤其显著,无论是种植作物还是饲养家畜,"农业 4.0"和"精准农业"都是现在农民口中的流行词。其中,带有高分辨率相机和拥有人工智能支持的自动图像分析功能的无人机发挥了重要作用。这些无人机会检测到哪里需要肥料，哪里需要控制害虫。在法国勃艮第，双臂酿酒机器人 Wall-Ye V. I. N. 每天可以修剪 600 株葡萄藤，同时记录有关葡萄健康的数据。农业机器人在加利福尼亚收割莴苣，在西班牙采摘草莓，在德国摘取一些苹果花以生产更多水果。自动引导系统操纵拖拉机和联合收割机，使它们横跨美国中西部的巨大麦田，并且从来不会偏离航道超过 2 英寸。只有几磅重的螃蟹状机器人会精确地对准种子孔播种秧苗，而如果让重型机器来做这件事，只会造成对秧苗的伤害。

更不用说自动饲料分配器了，它们已经为人类服务很长时间了。但新一代的自动饲料分配器还会利用传感器得到的数据自动确定最佳给料量。挤奶机器人不仅能高效且卫生地抽取牛奶，而且还在不断提高每头奶牛产奶的质量和数量，因为它们能够推断出奶牛的健康状况，并在需要的时候及时通知牧场主给兽医打电话。就这样,机器和动物相处得越来越好。

人机协作

机器人的兴起,正如美国未来学家马丁·福特(Martin Ford)提出的自动化浪潮一样,与不断改善的人机交互密切相关,但与人类是否能更好地操作机器没有太大关系。相比人类,机器人和网络物理系统在学习如何与我们交互以便获得更大的利益时更加努力。机器人正在变成人类的"合作伙伴",就像优质的同事一样协助我们。

使用机器人的先驱是制造业工厂,比如汽车和电子工业。这些工厂已经积累了大量使用机器人的经验。自20世纪60年代的第一波自动化浪潮以来,机器人已经形成了严格的分工。最原始的智能机器被隔离在铁栅栏和光电栅栏后做焊接和锤击的工作。人类员工则在工厂的其他区域做更复杂的工作。如果人类员工要接近机器，比如一块金属板在冲压时弯曲了，而一个工人想把它弄直，那么机器就必须停止工作，因为接近运作中的机器非常危险。

最近几年，越来越多的机器不再需要被关在"笼子"里。它们变得比它们的祖先更小、更轻、更柔软。来自中德合资制造商 Kuka 的 LBRiiiwa 机器人手臂重量仅 53 磅，但它已经可以在汉诺威交易会上把啤酒递到口渴的参观者手中。它会先洗净杯子，打开酒瓶，在杯子里倒上啤酒，甚至转动酒瓶来溶解酵母，然后用瓶子里的最后一点酒给玻璃杯戴上完美的泡沫王冠。并且，参观者不需要因为受到机器人的服务而被保护起来，如果机器人触碰到了人类，它会立刻后退以保持距离。除了高度的灵活性，机器人与人的安全交互也是技术真正的飞跃之处。

协作机器人（Cobot）是具有"社会性的"，它们被制造出来不仅是帮助人们完成特定任务，还会注意到自己是否会伤害人类。因此它们可以与人类直接在工作流程中合作，甚至与专家携手。在南卡罗来纳州斯巴坦堡的宝马工厂，一个绰号为"夏洛特小姐"的机器人会帮助它的人类同事把隔音材料填充进车门里。在其他工厂，可移动的机器人手臂能帮忙举起重型零件或拧高处的螺钉。

为了使人和机器成为真正的伙伴，它们必须能理解对方的意思。许多机器人对手势有反应。只要挥挥手，机器人就知道它应该到哪里去。波士顿 Rethink Robotics 公司的机器人索耶（Sawyer）和巴克斯特（Baxter）正在学习人类为他们演示的运动序列。那样，用户就不需要通过编程才能教他们某种动作。与索耶和巴克斯特的非语言交流方向也可以反过来，从机器流向人类。这些机器在接近人类头部的位置配有一个显示器，运行的时候会显示一双卡通眼睛。当机器人要前往某个地点之前，它的"眼

睛"会望向那里，与人类在相同情况时发送信号的方式完
全一样，因此我们可以直观地理解它。把工业机器人变
得更像人有很多好处，比如这会使机器人的人类同事更
容易在情感上接纳它。这也是高效人机合作的前提。认
识到这一点的开发者都开始教导机器人对人类的情绪做
出适当的反应。

如果机器人可以读取情绪

佩珀（Pepper）是一个有着大眼睛的类人机器人，身高 4
英尺，有 10 个手指，胸前装着一台平板电脑。它是由法国
公司 AldebaranRobotics 开发的，该公司在 2012 年被日本
数字和电信集团软银（Softbank）收购。Pepper 的独特之
处在于，它会分析与之交谈的对象的面部表情、手势和语
调，并从中计算对方此刻的情绪。如果这个人看起来很

悲伤,Pepper 有时会表演一段舞蹈来让对方振作起来。和智能音箱 Alexa 和 Google Home 一样,Pepper 的对话能力也在不断提高。主题越精确,它的回答就越好。

Pepper 在软银商店提供智能手机选购建议,为法国铁路系统 SNCF 提供列车时刻信息,在游轮上充当导游,提供船上生活小贴士和有关游轮目的地的简短讲座。当然,类人机器人之所以能熟练回答问题,是因为持续地被接入互联网,搜索到了答案。现在,Pepper 的制造商已经与 IBM Watson 签订了合作协议。通过机器人这个有趣的物理端口,Pepper 的制造商可以使用在 Watson 平台上的各种应用程序。这是为了帮助 Pepper 能够更好地工作,尤其是在学校,它要帮孩子们练习数学,测试他们的西班牙语词汇,还要教他们书法。在那里,Pepper 必须表现出耐心,能够鼓励孩子们,并在需要的时候模拟出同理心或保持严谨。但这伴随着一些严重的问题。

模拟出来的同理心并不是真的同理心。在日本的养老院和疗养院，有成队直立行走的机器人和毛茸茸的海豹机器人 Paro 为患有痴呆症的病人提供关怀。这些老人通常已经分辨不出在他们腿上的是宠物，还是机器。这会不会导致人们减少照顾老人和病人的时间呢？如果在未来，机械手套或支持性外骨骼能帮助有缺陷的人更好地活动，我们会很欢迎这种发展。但是，在将任务委托给能够识别人类情感并能够用模拟情感做出反应的机器时，边界在哪里？改善儿童学习带来的好处大于非人性化教育的坏处吗？我们在年老体弱的时候是愿意由机器人来让我们保持卫生，还是更想让人类看护来做这件事？在机器面前，我们永远不必感到羞耻，但它能给人安慰吗？这些已经不仅仅是理论上的问题。

硅胶克隆机器人

Pepper 会基于文化背景对人类行为做出反应。在日本,它可以安静地与人互动;而在美国,它则可以很活泼,甚至与人类称兄道弟。这种智能是无害的。但是,当我们几乎无法区分具有真实情感的人类与类人机器人时,会发生什么? 比如机器人开发界的明星石黑浩(Hiroshi Ishiguro)已经研发制造出了硅胶"克隆人"。石黑浩认为机器人的类人化是人类与其合作的必要前提。他甚至为了和不会老去的"克隆"机器人看上去一模一样而接受了整形手术。目前,他们在周游世界,举办关于仿人形机器人的讲座。从远处,观众很难分辨站在讲台上的是真的还是假的石黑浩。石黑浩是要用机器人代替自己吗? 当然不是。机器人只是他的商业模式。

修剪草坪和清洁窗户的机器人会让我们的生活更轻松，就像吹风机和洗碗机一样。过去几年，工业机器人的销售态势非常好，并且人们对于未来几年的预测也会同样乐观。咨询公司 ABI Research 预计，到 2025 年工业机器人的年销售额将翻三番。根据英国巴克莱银行（British Barclays Bank）的数据，从 2016 年到 2020 年，协作机器人的数量将增长 10 倍。这意味着机器人的使用将扩大到更大范围，因为新机器人通常不会取代旧机器人，智能机器大军将会越来越庞大。

美国国家经济研究局（The National Bureau of Economic Research）还计算出，每个新的大型工业机器人可以自动完成 5.6 个人类工人的工作。世界上最大的汽车制造商大众（Volkswagen）是这样计算的：同样的产量，一个机器人每小时的成本是 3.5 到 7 美元，而一个专业的人类员工的时薪约为 60 美元。最近皮尤研究（Pew Research）的一项调查显示，72％的美国公民担心机器人和计算机在未来会夺走大部分工作；76％的美国人担心工作自动化会加剧经济不平等；75％的受访者预计，经济不会为那些被自动化抢走工作的人创造新的好工作。60％的欧洲人呼吁禁止使用机器人照顾儿童、老人和残疾人。但同时，有70％的人对机器人助手持积极的态度。这项调查——还有其他调查——表明，我们对智能机器的态度是不稳定的。机器需要对此有所准备。

运输机器人 Fetch 的开发人员就教它防范带有敌意的人类同事。如果人类员工对机器的愤怒突然爆发，推搡它，它的马达就会启动，抵挡住推力并保持纹丝不动，人类几乎不可能把它推下楼梯去。日本的机器人制造商 Fanuc（顺便说一句，许多机器人被用于制造其他机器人）制造的机器人通过与人社交以减少人类对它们的敌意。比如，它们每天早上都会热情满满地参加工作场所的健美操锻炼，与人类员工一起随着节奏摆动手臂。在一些日本老人家中，机器人不是舞伴，而是扮演着健美操教练的角色。因为在日本这个老龄化社会，没有足够的健身教练来承担这项艰巨的任务。

第六章

超智能与奇点：

机器人会夺取控制权吗？

"我们更应该关注的不是人工智能或机器人技术的指数变化，而是人类智能发展的停滞。"

——[澳]安德斯·索曼尼尔森
（Anders Sorman-Nilsson），
未来学家和创新战略家

HAL 变得严肃起来

"探索者 1 号(Discovery 1)"飞船上的机组人员很恼
火。在去冥王星的路上,超级计算机 HAL9000 似乎变得
越来越神经质。它显然在分析天线模块的问题上犯了一
个错误,或者只是假装犯错?两名没有进入低温冬眠的
机组人员在争论是否要关掉 HAL 的时候,被人工智能听
到了——宇航员们不知道它能读唇。计算机决定它必须
坚定不移地执行火星任务,那么除了杀死全部 5 名宇航
员,它别无选择。于是它轻松地除掉了 4 名船员,然后把
正在太空行走的戴夫锁在了舱外。但是戴夫很聪明,他
成功地通过逃生舱口回到船内,并进入了机房。在那里,

他一个一个地关闭了计算机模块，HAL 的智能随之越来越低，最后，竟只会唱"Daisy Bell"这首童谣了。

这个场景来自斯坦利·库布里克(Stanley Kubrick)的电影《2001：太空漫游》(*2001：A Space Odyssey*)。这部电影是基于亚瑟·C·克拉克(Arthur C. Clarke)的短篇小说改编而成的。这个会产生恶意的计算机的故事其实是建立在一个古老神话之上的。在这个神话中，人类创造了一个人造助手为其服务。但是助手却学会了如何学习，从而超越了它的创造者，最终发展出了自己的兴趣，还制定了自己的目标。就这样，"傀儡"不再受控制。维克多·弗兰肯斯坦创造这个怪物的初衷是展示科学的力量，但怪物却最终成了他的敌人。而在终结者系列电影中，计算机系统天网(Skynet)甚至引发了核战争。

牛津大学哲学教授尼克·博斯特罗姆(Nick Bostrom)在他的畅销书《超智能》(*Superintelligence*)中提出了弗兰肯斯坦神话的最新版本。然而，这本书并不是科幻小说,而是一本严肃读物。在书中,博斯特罗姆描述了人工智能系统一旦超过人类的认知能力就会变成独立个体的场景。更温和一些的说法是,机器人要想获得独立,至少需要几十年,甚至几个世纪。而在这漫长的过程中,人类却可以在社会和文化上适应这个新的智能物种。

但博斯特罗姆认为"智能大爆炸"(intelligence explosion)的可能性更大。一旦机器比人类更聪明,它们就可以在几个月内,甚至在几分钟内创造出更智能的自己,并不断升级。反馈回路可能导致人工智能的智力呈指数式增长。哲学家推测,第一个这样的系统在发展上会有一个很难逾越的开端。这个系统的先行优势可能导致所谓的"单例"(Singleton),随后出现"能决定世界秩序的最高决策层只有一个代理人"。博斯特罗姆认为一个超级智能系统很有可能知道如何防御人类的干扰。与发明家、谷歌研究员、奇点大学校长雷·库兹韦尔(Ray

Kurzweil)形成鲜明对比的是，博斯特罗姆并不认为
Singleton会从人类利益出发来管理人类事务，并且将比
人类做得更好。超智能机器看待人类可能会"像人类看
待蟑螂一样"。在这种情形下，超智能机器甚至不会恶意
地反抗人类，或是威胁我们的生存，因为在它们看来，人
类根本就是无关的。

博斯特罗姆假想的恐怖电影场景有时似乎有些神
秘，但他想要传达的核心信息让熟悉智能机器的人产生
了共鸣。

托尼·普雷斯科特(Tony Prescott)的工作是制造具
有自我感知能力的仿人形机器人，他警告人们说，科技上
看似微小的发展可能会引发不可预见和不可阻挡的变
化。微软的创始人和慈善家比尔·盖茨(Bill Gates)建议
人们读一读博斯特罗姆的书，从而对"人工智能控制问
题"有一个概念。特斯拉(Tesla)的创始人伊隆·马斯克
(Elon Musk)认为人工智能"比核武器更危险"。马斯克

与创业孵化器 YC 的负责人山姆·奥特曼(Sam Altman)
一起成立了拥有 10 亿美元资金的非营利组织 OpenAI，
在开源软件的基础上发展人工智能，让它做有益于人类
的事，而不要危害人类。

智能大爆炸与超人类主义

很多人工智能的研究人员和开发人员都认为博斯特
罗姆是在危言耸听，并认为他是在同时巧妙地进行自我
营销。他们中的大多数人也认为雷·库兹韦尔(Ray
Kurzweil)关于即将出现的奇点的论断在科学和技术上
都存在着重重的疑点。库兹韦尔认为，到 2045 年计算机
在几乎所有能力上都将超越人类，世界历史将进入到超
人类主义阶段。也就是说，人类将创造出一个神一般的
智慧。即使科学界承认科学家需要密切关注对人工智能

的控制,但是坚决反对人类被毁灭或通过技术宗教进行救赎之类的想法。他们指责启示论者和乌托邦分子因为对弱人工智能的实际发展过程和困难的无知而一再陷入过时的对强人工智能的恐惧。我们完全有理由保持冷静,事实上,让我们恐惧的理由并不多。

目前并没有导向智能大爆炸的清晰的道路。发生智能大爆炸的一个技术前提是计算性能的指数增长,同时伴随着计算机芯片的持续变小。但假设摩尔定律继续适用——集成电路的计算能力每隔一到两年翻一番,也还是有一个问题:没有考虑物理限制。现在传导路径已经只有几个原子那么厚了。再稍微小一点也许是可以实现的,但在到达某个临界点后,量子力学定律开始起作用,粒子会变得混乱,并从一个传导路径跳到另一个传导路径。

神经学家指出,尽管人工智能取得了很大的进步,但毕加索(Pablo Picasso)曾说过的有关计算机的一句话仍然是正确的:"它们是无用的。它们只能给你答案。"计算机可以快速地应用计算规则来解决已知的问题,但它们不能识别未知的问题。他们能够找到海量数据中的模式,但是在无数据空间中却会失去方向感。在这种背景下,一个重要的问题是,计算机能像具有批判性思维的人一样质疑规则,进而质疑它们自己吗? 一个强大的人工智能必须掌握这个技能,才能像人类几千年来一样,不断地改造自己。机器真的能创造出新的东西吗? 人类已经开始探索人工智能的自主创造能力,但是其实机器只是根据已知的问题提出建议,然后询问人们解决方案是否有效。目前,还没有什么想法能赋予机器真正的创新能力,而不需要人类首先定义问题。

逻辑学家和哲学家朱利安·奈达·鲁梅林(Julian Nida-Rümelin)推测,哥德尔(Gödel)的不完全性定理(incompleteness theorems)定义了机器智能的极限。我们可以从数学上证明,许多问题在逻辑上无法解决,形式系统中的语句的推导是有极限的。这就意味着总是存在一些既不能被证明也不能被证伪的陈述和问题。因此，没有任何一台靠数学解决问题的机器能够超越这些逻辑边界。

　　致力于开发有反思和社交能力的人工智能的大师吴恩达（Andrew Ng）在研究伊隆·马斯克的火星殖民计划时，表示并不担心人工智能会失控："我现在不担心人工智能变邪恶，就像我今天不会担心火星上人口过剩一样。"但是小心谨慎总比追悔莫及要好。谷歌的人工智能部门 DeepMind 正在研究内置断路器在未来如何避免系统走上自我解放的道路。没有人知道计算机在几百年后能发展到什么程度。但是，过度鼓吹超级智能会灭绝人类的假想可能会产生不必要的副作用。它将会分散我们的注意力，让我们忽略弱人工智能快速发展所带来的真正危险。最重要的危险可以概括为三类：数据垄断、操纵人类个体和政府滥用数据。

竞争与数据垄断资本主义

卡尔·马克思（Karl Marx）告诉我们资本主义倾向于市场集中化。在工业时代，规模经济让大公司变得越来越大，指明这条道路的是亨利·福特（Henry Ford）。他生产的 T 型车数量越多，其本身就卖得越便宜。价格越低，质量越高，市场份额就增长得越快。在大规模生产时代，成功的公司乐于收购竞争对手，以便通过兼并获得额外的规模优势，同时减少竞争。而到了 20 世纪，政府有了一个有效的工具——反垄断法——来防止垄断（前提是政府想这样做）。在知识与信息时代，即自 20 世纪 90 年代的数字化热潮以来，网络效应发挥的作用越来越大。数字服务的客户越多，网络效应就使得服务质量越高。数字平台运营商已经成功地占领了铁路巨头、汽车制造商和披萨生产商望尘莫及的市场份额。在过去的 20 年里，企业巨星微软、苹果、亚马逊、谷歌和脸书在西方数字市场形成了寡头垄断，有时甚至达到了准垄断。在俄罗斯，YANDEX 占据了大部分数字市场。事实证明，国家反垄断法、欧洲反垄断法对此束手无策。这在当下已经是需要人们高度重视的问题，但如果机器从反馈数据中学习对价值创造的贡献越来越大，那么垄断会愈演愈烈。人工智能会让垄断来得更快，因为内置了人工智能的产品和服务会通过反馈数据来改进自己。它们被使用得越频繁，商家所获得的市场份额就越大，其领先优势就越不可逾越。也就是说，创新直接被内置到产品或业务流程中，那么新手只有在特殊情况下才有机会对抗在人工智能驱动经济下的领头企业。

没有竞争，市场经济就不可能维持长期繁荣，因为这与它的本质相矛盾。为此，牛津大学互联网治理和监管教授维克多·迈尔－施恩伯格（Viktor Mayer-Schönberger）和我在《大数据时代重塑资本主义》(*Reinventing Capitalism in the Age of Big Data*)一书中,呼吁数据经济的巨头引入渐进的数据共享义务。如果数字企业的市场份额超过某个值,它们必须与竞争对手分享(反馈)一部分数据,同时还要遵守隐私法规,因此这些数据都要匿名。数据是人工智能的原材料。只有当这种原材料能被各家公司所用,公司之间的竞争才会成为可能,而我们才能确保人工智能系统的长期多样性。在弱人工智能时代,竞争和多样性也是我们面临的第二个主要危险——使用人工智能系统操纵个人或利用个人——的先决条件。

AI 代理人的行为代表谁的利益?

几年后,我们将把许多日常决策委托给从数据中学习的人工智能助手。这些助手会自动订购厕纸和红酒,因为它们知道我们消耗了多少。人工智能将帮我们安排商务旅行，只要我们在检查后轻点一下，它们就会帮我们完成行程中的所有预订。对于人们孤独的问题，它们会建议更适合他们的伴侣，而不是去约会那些网站随便给出的对象。但是谁能保证机器人真的在寻找最好的对象呢？也许约会网站上的一个怪人购买了一个高级套餐，因此能享有算法优势。那辆自动驾驶的出租车是不是因为知道我们要买 3D 眼镜，就故意经过一家电子产品商店呢？甚至就在我们驱车经过的时候，一个 3D 眼镜的广告会突然出现在电子广告牌上，然后自动驾驶仪会给我们足够的时间说出"在电子商店停一下！"的指令。或者，健康评估 App 是不是会提出虚假警报，以便推荐某种药物？

更简洁、更抽象地说，这些场景提出了一个问题：虚拟助手的行为代表着谁的利益？目前的情况是，大多数机器人和数字助手都是变相的销售人员。Alexa 的开发和运营商是亚马逊，而不是一家代表消费者在所有在线商店中寻找最佳商品的初创公司。当然，只要它是透明的，只要我们没有被暗中利用，它就是合法的。但当世界上有无数个人工智能助手以后，我们很快就会搞不清楚谁有可能愚弄我们。当我们向智能手机或床头柜上的智能音箱寻求建议时，我们无法确切地知道是谁在给我们提供建议。通常，我们不在乎这一点，因为它是如此方便，在很多情况下，我们甚至会支付额外的费用，让这些科技"保姆"宠溺我们。

但是，我们应该考虑在机器把人类"婴儿化"的进程中划上一条底线。首先我们要为技术剥夺我们的权利承担起责任。同时，国家和市场需要确保消费者能选择中立的机器人，就像独立于供应商的价格比对引擎那样。政府需要有一系列批准程序，应该叫停不公平操纵甚至欺诈用户的代理商。当然，所有这些的前提是一个法治国家，而且这个国家本身不使用人工智能来欺骗它的公民。

数字专政

国家与公民之间潜伏着第三个、同时或许是最大的危险：政府滥用弱人工智能对公民进行大规模操纵、监视和镇压。超智能计算机占领世界、征服人类，恐怕是科幻小说能够描绘的最恐怖的场景。基于当前技术，今天政府所能达到的监控状态，就像在乔治·奥威尔（George Orwell）的《1984》出版以后所有政治反乌托邦小说的混合物。

美国将监控摄像机和自动面部识别结合起来，就能知道谁闯了红灯。无人驾驶飞机上的监视摄像机可以直接追踪流浪者。电子窃听装置中的语音识别功能不仅可以识别谁在说话，还可以确定说话人的情绪状态。人工智能甚至可以从照片中识别出性偏好，而且准确率很高。社交媒体和在线聊天应用的自动文本分析系统可以实时识别危险的想法。来自智能手机的位置信息和健康数据、应用内支付历史和信用历史、数字化人事档案和实时犯罪记录提供了计算公民信誉所需的所有信息，当然这也为秘密警察高效开展工作提供了方便。这个全能的国家自然也有社交机器人来散播个性化的政治信息。

　　数字工具不是暴政所必需的——历史已经证明了这一点。但是，在智能机器时代，压迫人民的问题又被提上议程。精通科技的政权正在为独裁制作新衣。在人工智能驱动的独裁统治中，压迫比穿制服的士兵或警察更微妙。数据会告诉政府如何推动公民做出国家所期望的行为。

　　美国、俄罗斯、澳大利亚、以色列和韩国无视联合国对全自动武器的管制。俄罗斯总统弗拉基米尔·普京（Vladimir Putin）告诉俄罗斯的学童"未来属于人工智能"，并表示"无论谁成为这个领域的领袖，他都将成为世界的统治者"。

新机器伦理

现在，我们还不需要害怕人工智能会变成杀人狂，而是应该更害怕滥用。最近几年，人们开始讨论新的机器伦理，以及是否能将道德上正确的行为编程到机器中。如果可以，又该怎么做？这些争论常常走向两难的境地：一辆自动驾驶汽车朝一位推着婴儿车的母亲驶去，但是要避免撞到母亲和婴儿，它就必须撞向旁边的 5 个老人。它必须决定应该撞向谁：母亲和婴儿加起来预计能再活150 岁，而 5 个老人的预期寿命加起来只有 50 岁。像这样的思想实验是必要的。人的尊严是神圣不可侵犯的。在战争中，如果一个将军牺牲 5 名士兵就能救出 10 个人,那他是可以做这样的决定的。但理论上,没有人会被允许在日常生活中这样做。然而实际上,当一个驾驶员超速行驶,眼看着就要撞到一群人或是撞到一根混凝土柱子却来不及刹车时,他可能就会选择撞向人群。

在许多情况下,决策的自动化也是伦理挑战,但同时从道德层面看,它是势在必行的。如果我们能在 10 年内用自动驾驶汽车把由于交通死亡的人数减少一半,我们就必须实现汽车驾驶的自动化。如果我们能够用机器识别癌细胞的模式,从而挽救许多癌症患者的生命,我们就不能让医生游说团体阻碍了前进的步伐,因为医生游说团体关心的是如何保护他们的收入。如果人工智能系统能教南美洲的贫困儿童学习数学,我们就不需要担心人类数学老师不够用了。

人工智能的确改变了人类和机器之间的基本关系,但比一些人工智能开发者认为的要少。ELIZA 聊天程序的德裔美国发明者约瑟夫 · 韦森鲍姆(Joseph Weizenbaum)

在1976年写了一本世界级畅销书《计算机权力与人类理性：从判断到计算》（*Computer Power and Human Reason*：*From Judgment to Calculation*）。这本书极力反对当时对机器的信仰。在硅谷，当对人类技术命运的信仰再次流行起来的时候，这本书值得被重新出版。

我们可以在许多领域将决策权委托给机器，被植入精巧程序和被投喂了适当数据的人工智能系统是特定专业内厉害的专家，但他们缺乏全局观。人类仍然需要做出重要的决定，包括需要多少机器辅助才恰到好处。或者更通俗地讲，就是人工智能不能减轻我们思考的负担。

人类的历史是人类决策的总和。我们会一如既往地决定我们想要的东西。我们甚至不需要重新创造需要机器辅助信息时代下一步发展的积极的世界观，因为"非常简单，（新时代所需的世界观）一定是对人文价值的回归"，纽约风险投资家、作家和TED发言人阿尔伯特·温格（Albert Wenger）说。在他看来，这些价值可以用公式

来表达:"创造知识的能力使我们人类独一无二。知识是
通过一个独特的过程产生的。每个人都应该参与到这个
过程中来。"数字革命让我们在历史上第一次将这种人文
主义理想付诸实践——通过智慧地运用人工智能,为人
类造福。